未蓝文化　编著

Scratch

图形化编程：

培养解决问题的逻辑思维

化学工业出版社
·北京·

内容简介

这是一本专为少年儿童打造的编程启蒙书，在这里你不仅可以掌握如何使用Scratch进行编程，更重要的是，你将学会分析和解决问题的逻辑思维。

本书以制作汉堡、打扫卫生、乘坐公交车等简单有趣、却又蕴含规律的生活化情景为例，将编程思维训练和Scratch编程教程巧妙融入其中，循序渐进、寓教于乐地启发大家的编程思维，如基础思维、函数思维、分析思维、建模思维等，讲授Scratch的编程方法和创新绘图、自制游戏等内容。

本书非常适合没有任何编程经验或刚刚接触编程的初学者，无论是勤学好动的小朋友，还是兴致勃勃的大朋友，都可通过本书掌握Scratch编程、理解编程的本质，从而运用编程思维分析并解决各种实际问题。

图书在版编目（CIP）数据

Scratch图形化编程：培养解决问题的逻辑思维/未蓝文化
编著. —北京：化学工业出版社，2023.11
ISBN 978-7-122-44222-2

Ⅰ.①S… Ⅱ.①未… Ⅲ.①程序设计 Ⅳ.①TP311.1

中国国家版本馆CIP数据核字（2023）第179432号

责任编辑：张 赛 耍利娜　　　　　　　　　　文字编辑：温潇潇
责任校对：宋 夏　　　　　　　　　　　　　　装帧设计：张 辉

出版发行：化学工业出版社（北京市东城区青年湖南街13号　邮政编码100011）
印　　装：天津图文方嘉印刷有限公司
710mm×1000mm　1/16　印张12¼　字数212千字　　2024年2月北京第1版第1次印刷

购书咨询：010-64518888　　　　　　　　售后服务：010-64518899
网　　址：http://www.cip.com.cn
凡购买本书，如有缺损质量问题，本社销售中心负责调换。

定　　价：79.00元

前　言

我们身处的数字化、智能化时代，社会对科技人才的需求不断增加，而编程——这种运用计算机解决问题的能力，已经成为人们适应时代发展所必备的一种素养，无论是科学家，还是工程师，无论是登月计划，还是人工智能，一切前沿的工作都离不开编程。

在目前所有的编程语言中，Scratch被认为是最适合少年儿童的编程入门语言。相比程序员的编程语言，Scratch图形化编程的形式简单有趣，没有密密麻麻的各种字符，没有令人崩溃的各种语法，仅仅通过鼠标拖拽、拼搭积木，就能看到编程的动画效果，实现各种奇思妙想。

需要说明的是，少儿编程要培养的并不是未来的程序员，而是具备编程思维的新时代人才。我们编写这本书的目的，就是希望孩子通过简单的编程学习养成编程思维，从而学会如何分析问题、拆解问题，并根据问题的需求设计出解决方案。编程思维不仅在编写代码时有用，它更是一种能够帮助解决各种现实问题的思维能力。

本书将编程思维训练和Scratch编程教程巧妙地融入一些日常生活情景中，通过"发现问题→分析问题→用Scratch解决问题"的过程，带领孩子边理解边实践。此外，本书还贴心地设置了引导孩子进行独立思考的小问题、丰富有趣的百科小知识，以及扫码即可观看的视频讲解和可供下载使用的安装文件、案例文件。以下是本书的主要内容。

在第1章中，我们将初步认识计算机的基本组成与工作原理，并在此基础上了解如何使用Scratch进行编程。

在第2章中，从熟悉的日常事物中学习顺序、选择、循环的思维方式，教大家如何运用这三种思维方式编写简单的程序。

在第3章中，借用盒子、柜子等熟悉的事物来理解变量和列表，在这里我们可以使用技巧对数据进行排序和查找，也能通过程序解决一些问题。

在第4章中，我们将会学习一个重要的概念——"函数"。学会了它，我们将会有一种重新打开编程世界大门的感觉。

在第5章中，从分解、重组、共性分析到抽象思维，让我们学会处理稍复杂的问题，并认识到编写程序不是简单的代码罗列，逻辑和方法很重要。

在第6章中，我们需要掌握的是建模思维，学会将编程模式化。这种思维方式不仅可以用在编程中，日常生活中的问题也可以用它来解决。

在第7章中，带领大家绘制各种各样的创意图形。将学过的思维方式应用到程序中，实现你的创意吧!

在第8章中，将创建一个相对复杂的游戏。在编写程序的过程中，需要综合考虑很多问题。

在第9章中，我们对编程思维进行了总结，并给出了一些后期的学习指引。

相信经过大量地思考与系统训练，孩子能够在分析与解决问题的过程中学会运用编程思维，从而养成独立思考、善于解决问题的能力，以及积极探索未知的好奇心。

本书在编写过程中力求兼顾严谨性与趣味性，但由于经验水平所限，不足之处在所难免，敬请广大读者朋友们提出宝贵的意见，期待得到你们真挚的反馈。

作　者

目 录

第1章

认识奇妙的计算机

第2章

控制程序的三种思维方式

第3章

存放数据的方式

第4章

函数思维

第5章

分析思维

第6章

建模思维

第7章

创新绘图

 第8章

游戏与编程

第9章

编程思考

第 1 章
认识奇妙的计算机

在科技不断发展的今天，各种计算机已经成为人们日常生活和工作的一部分。无论是在线办公、学习，还是网上购物、娱乐，我们通常只要轻轻一点，就能实现各种功能。

对此，你是否也曾思考，计算机为什么如此神奇呢？它的结构是什么样子的？它是如何工作的呢？

下面我们一起来认识奇妙的计算机吧。

哈哈！计算机的工作原理其实很简单，快来和我一起探究计算机的奇妙之处吧！

计算机好厉害，可以做到很多事情。可以和我讲讲计算机究竟是怎么办到的吗？

1.1 计算机是如何工作的？

你可能接触或使用过各种各样的计算机，比如台式计算机、笔记本电脑、智能平板、智能手机等，它们的外观虽然形状各异，但工作原理却是大致相同的。想了解计算机是如何工作的，首先有必要了解一下计算机的结构。

1.1.1 揭秘计算机的构成

我们熟悉的计算机通常由硬件和软件两部分构成。硬件可以简单理解为计算机的"身体"，而软件就像计算机的"灵魂"。硬件和软件相互配合，才能实现各种复杂的功能。

> 计算机硬件是看得见、摸得着的实体。

我们先来说说计算机的硬件。硬件是计算机完成各项工作的物质基础。说到计算机硬件，就不得不提起对计算机发展做出杰出贡献的约翰·冯·诺依曼（John von Neumann），他提出了计算机应由运算器、控制器、存储器、输入设备、输出设备这五个部分组成。

① 运算器（Arithmetic Logic Unit，ALU）：就好像一把小算盘，负责数据的运算。在计算机中，任何复杂的运算都可以由运算器完成。

② 控制器（Controller Unit，CU）：是计算机的指挥官，负责指挥、协调计算机各个部件的工作。

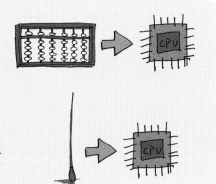

在现代的计算机中，运算器和控制器已合并为中央处理器，也就是常说的CPU（Central Processing Unit）。CPU是计算机中的核心部件，是计算机系统的运算和控制中心，其作用相当于计算机的大脑。

③ 存储器（Memory）：是计算机的记忆装置，负责存储计算机中的数据和程序。

计算机的存储器分为内存储器（内存）和外存储器（外存）。

内存储器也叫内存，是主存储器。它直接与CPU交换信息，虽然存储容量比较小，但是存取数据的速度快，一般用来存放正在运行的程序和等待处理的数据。但如果关闭了计算机，内存中的数据和程序都会消失，不会被保存下来。

外存储器是内存储器的延伸，是辅助存储器。它用来存储一些系统必须用到的，但又不着急使用的程序和数据。即使关闭了计算机，外存中的数据和程序仍然会被存储下来。常见的外存储器有硬盘、U盘、光盘等。手机中的各种存储卡也是外存储器。CPU访问内存和外存的方式如下图所示。

内存：就像是用大脑可以很快记住一串数字，但睡一觉，醒来就忘了。

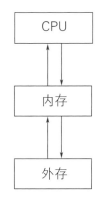
CPU
内存
外存

外存：则好像是用纸笔记录下数字，虽然记得慢，但能保存很长时间。

④ 输入设备（Input Devices）：就像计算机的感知系统，负责将我们发出的命令传达给计算机。鼠标就是一种常见的输入设备，此外，键盘、麦克风、摄像头等也是输入设备。

⑤ 输出设备（Output Devices）：负责将计算机的处理结果传达给用户。我们常见的打印机就是一种输出设备，此外，显示器、音响也是输出设备。

计算机只有硬件还无法正常工作，还需要有软件的支持。软件可以使硬件的功能得以充分发挥，帮助人们更轻松、高效地实现各种运算。软件可分为系统软件和应用软件。

系统软件负责管理计算机的各种独立硬件，使它们可以协调工作。比如操作系统、数据库系统、语言处理程序。如常见的 Windows 系统或者 macOS 系统就是系统软件。

应用软件是为了某种特定用途专门开发出来的软件，这也是我们接触较多的，比如办公软件、娱乐软件、编程软件等。

我们"看到"的大多软件都是应用软件，比如编程软件 Scratch，它的桌面版本就是 Scratch Desktop。

1.1.2 计算机的工作原理

我们会使用计算机学习、办公、娱乐，但是大部分人并不了解计算机内部的工作原理。想要更好地掌握计算机技术，了解计算机的工作原理很有必要！

以一次简单的操作为例：当我们通过键盘等输入信息时，输入的信息会临时放到存储器（内存）中，然后传递给CPU，CPU根据指令对信息进行加工运算，运算结束后会把结果送回到内存中，最终通过显示器等输出设备显示出来。

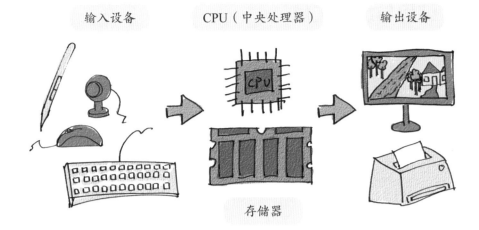

输入设备　　　　CPU（中央处理器）　　　　输出设备

存储器

计算机的这种"输入—存储—处理—存储—输出"的工作方法，其实和人类交流时"倾听—思考—表达"的过程是相似的。

难怪计算机也叫电脑呢。

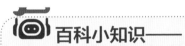 百科小知识——

键盘上的字母为什么不是按顺序排列的？

　　键盘是从打字机发展而来的。早期打字机上的按键完全按照字母表顺序排列，但由于机械设计上的问题，一旦快速打字，出现频率较高且连续的字母（如D-E，S-T）就容易把打字机卡住。为了解决这个问题，设计者就把出现频率较高的字母分散排列，从而有效避免了卡键。再后来，尽管也出现过一些更合理的设计方案，但人们已然适应了这种"反人类"的设计，所以现代的键盘也就直接沿用了这种排列方式。

1.2 编程与编程工具

为了使计算机可以理解人类的指令，就必须将解决问题的方法和数据以计算机能够理解的方式告诉它，让计算机可以根据人类的指令自动进行工作，完成指定的任务。这种人类和计算机之间交流的过程就是编程（Programming）。"编写程序"虽然听起来有些枯燥，但你一旦能用程序实现自己的想法，就会体验到编程的乐趣和神奇之处。

扫一扫 看视频

目前，世界上常用的编程语言就有几十种，你可能会接触C语言、C++、Java、Python等等，但我们没有必要逐个学习，因为编程的重点并不在于单纯学习某一种编程语言的语法，而是要掌握编程思维，并利用它去解决实际问题。在本书后续的内容中，将会介绍这些通用的核心知识。

对于初次接触编程的青少年来说，图形化界面的Scratch是比较合适的一种编程工具。因为一说到编程，大家脑海中浮现的可能是充满英文字符的复杂程序，这让很多人对编程望而却步。但Scratch打破了大家对编程的刻板印象，它以"搭积木"的形式简化了编程的学习与使用，非常适合编程入门。

使用Scratch编程一般有两种方式，一种是直接用网页在线编程，另外一种是下载Scratch的安装包，将Scratch安装在自己的计算机中进行编程。

Scratch界面的主要分区如下图所示。

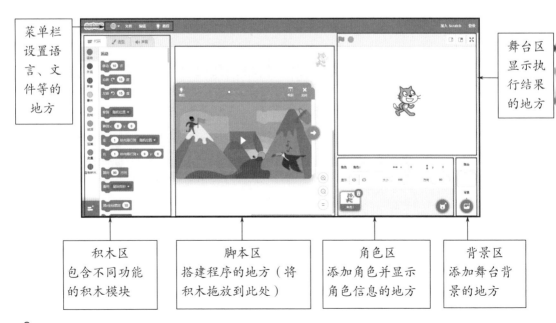

菜单栏
设置语言、文件等的地方

舞台区
显示执行结果的地方

积木区
包含不同功能的积木模块

脚本区
搭建程序的地方（将积木拖放到此处）

角色区
添加角色并显示角色信息的地方

背景区
添加舞台背景的地方

默认情况下，Scratch的舞台区会有一只小猫角色。在积木区有代码、造型和声音三个选项卡，默认显示的是"代码"中的积木模块。这些积木模块按照功能分类默认有九种，Scratch默认显示的是"运动"分类中的积木模块，在之后的介绍中将会逐一用到这些积木模块。

下面我们通过简单的编程，让舞台上的小猫打招呼。

我们首先会用到"事件"分类中的积木，所以需要单击界面左侧的"事件"分类，然后选择需要的积木，如下图所示。

按住鼠标左键不放，就可以拖动积木，快试试吧！

鼠标指针移动到积木模块上时，会变成手形哦！

将鼠标指针移动到"事件"分类中的第一个积木上后，按住鼠标左键不放，将该积木拖动到脚本区再松开鼠标左键。这样就完成了第一个积木代码的移动操作，如下图所示。

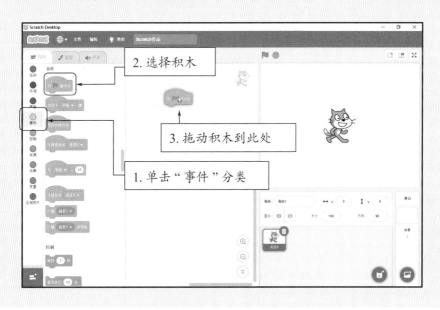

此时单击该积木或单击舞台上方的 🚩 按钮，小猫并不会发生什么变化。想要让小猫有所改变，还需要拼接其他分类中的积木，给小猫相关指令。接下来单击"外观"分类，拖动 说 你好! 积木，拼接到 当🚩被点击 积木下面，如下图所示。

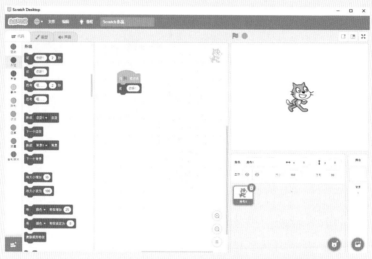

出现灰色阴影就可以松开鼠标了，此时两个积木会自动拼接到一起。

"运行"按钮

"停止"按钮

完成积木的拼接之后，单击 🚩 按钮运行程序，你会发现舞台上的小猫在向你打招呼说"你好!"，如下图所示。这样我们就完成了一个简单的程序。

在这个简单的小例子中，积木是程序的开始模块，在它下面的 积木才是小猫的具体行为指令。

在Scratch中，积木里白色椭圆中的内容是可以修改的。比如 积木中的"你好！"可以修改成其他内容。

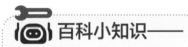

首先通过鼠标指针选中白色椭圆中的内容，然后通过键盘输入你想输入的内容。比如"你叫什么名字？"然后再执行看看效果如何。

这个小例子很简单，你是否准备好更进一步了呢？在之后的章节中我们将一起了解编程思维以及Scratch编程的一些知识，从简单的生活日常到复杂的逻辑问题都可以通过编程思维解决。

百科小知识——

最好的计算机编程语言是什么？

编程语言的发展非常迅速，除了那些被人淡忘的语言，你可能听说过这些相对主流的语言，比如Python、C、C++、Java、JavaScript、PHP、Go等。尽管使用不同编程语言的程序员们都认为自己所用的才是最好的编程语言，但客观来看，每一种编程语言都存在各自的优点和缺点。因此，在不同领域中，大家会结合不同的需求进行选择。

第 2 章
控制程序的三种思维方式

　　人类丰富的感官和复杂的大脑使得我们拥有多种思维方式，但对于计算机而言，它只有三种基本的思维方式（也称控制结构）。不过，通过这三种思维方式的组合应用，计算机却能实现各种功能。

　　本章会从日常生活中的小例子入手，帮助大家理解这三种基本的程序控制结构。

不要小看日常生活中的小事，当你学会用编程思维看待它们，也许就能获得解决问题的新思路哦！

我还以为只有在编写代码的时候才能培养编程思维呢。

在开始学习编程时，了解一些编程思想是十分必要的。本章我们将用日常生活中的小例子介绍程序控制的三种思维方式，分别是顺序思维、选择思维和循环思维。掌握了这三种思维方式，我们就将获得解决各种问题的能力。

接下来，我们先来了解顺序思维。

2.1 顺序思维

2.1.1 案例1——阿布的日常

顺序思维体现在程序中就是顺序结构，即从头到尾依次执行代码。实际生活中有很多事情都是按照顺序依次执行的，下面通过几个相关的案例学习顺序结构吧！

放假在家的阿布一早就制定了学习和生活计划，让我们看看阿布在上午都做了哪些事情吧！下面是阿布做这些事情的先后顺序。

① 穿衣服。

② 刷牙。

③ 洗脸。

④ 吃早饭。

⑤ 做作业。

根据阿布的日常，提出了以下问题，你答出来了吗？

> **问题 2.1：**
>
> 阿布做的第1件事情是＿＿＿＿＿＿＿＿＿。
>
> 吃早饭是阿布做的第＿＿＿＿件事情。

顺序结构是程序设计中最简单的一种结构，计算机接收到指令后会一条一条依次执行。下面让我们来看看阿布如何安排自己的下午时间。

① 吃午饭。

② 午休。

③ 看电视节目。

④ 运动。

⑤ 听音乐。

在实际生活中，有些事情可以同时做，比如阿布可以一边运动一边听音乐。但是计算机并不会这样做，它会按照排列好的顺序一条一条地执行指令。

从阿布的日常可以看到，她将一天要做的事情一一列出来后执行。我们也可以借鉴阿布的日常计划，制定属于自己的假期计划，然后一项一项地完成，充实地过完整个假期。

2.1.2 案例2——小猫走迷宫

现在我们已经对顺序结构有了初步的认识和体会，下面再来看一个小猫走迷宫的案例吧！

扫一扫 看视频

小猫在迷宫中玩耍的时候不小心把皮球弄丢了，为了帮助小猫找到皮球，提供了以下几个指令选择。那么小猫应该怎么做才能顺利找到皮球呢？

① 向上走。

② 向下走。

③ 向左走。

④ 向右走。

注意：黑线代表迷宫的墙，小猫只能沿直线走没有障碍的地方，不可以翻墙哦。

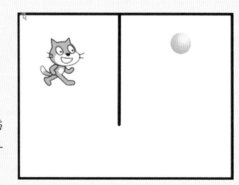

按照"向下走—向右走—向上走"的路线，小猫就能顺利找到皮球。大家可以自行设计更复杂些的迷宫，然后体会一下如何以最合理的路线找到皮球。

我们通过上面两个案例体验了什么是顺序结构，下面就使用Scratch编写一个顺序结构的程序，这次有三条执行语句。

在运行程序前，可以尝试理解每一行代码的含义。然后再看看执行的效果是否与你所想一致。

在Scratch中单击舞台区上方的 ▶ 按钮运行程序后，程序会按照积木拼接的顺序，从上往下执行。小猫在舞台上说的内容都会依次显示2秒，三条语句执行完毕后，程序执行结束。

现在你已经成功编写出了一个顺序结构的程序，想必下面这个问题也难不倒你。请使用Scratch编写程序实现以下内容，注意事情的先后顺序。

① 小猫说"请问你吃饭了吗？"，持续时间2秒。

② 小猫说"我吃过了！"，持续时间2秒。

③ 小猫说"下次再见吧！"，持续时间2秒。

如果在实现的过程中有困难，可以参考下面的解析。如果你已经成功实现了这个程序，也可以看看解析中的内容是否和你想的一样。

解析：

首先，这个程序无论有几个步骤，都是由上到下一步一步执行。因此，在拼接积木程序时，可以先在

 积木下面拼接第一个代码积木，如右图所示。

然后再按照同样的步骤继续编写第二步和第三步，在拼接积木代码时一定要注意执行的先后顺序，最终的程序如右图所示。

除了说的内容可以修改，停留的时间也可以修改。积木代码中默认是2秒，大家可以根据自己的需求灵活修改这个时间。要注意的是，在这个时间的框里只能输入数字哦！

通过这些案例的练习，你应该掌握了顺序思维了吧。它的执行顺序就是自上而下，依次执行。大家可以想一想，在日常生活中哪些事情可以用顺序思维进行合理安排呢？

百科小知识——

为什么使用编程语言可以控制计算机工作？

现代的计算机本质上都是二进制的，也就是说，它其实只"认识"0和1。当人们使用编程语言编写程序代码时，计算机并不能直接"听懂"我们的指令。我们的指令要由编译器翻译成计算机可以理解的语言，它才能执行对应的指令。

2.2 选择思维

生活中，我们常会面临选择。选择思维体现在程序中就是选择结构，也叫条件分支结构，就是根据给出的条件进行判断，有选择性地执行对应的代码。本节从日常生活的小例子再到 Scratch 程序讲解选择结构，相信大家一样可以理解选择结构的思维方式。

2.2.1 案例1——打招呼

与顺序结构不同，选择结构需要先判断条件再做出回应。下面我们结合日常生活中的情景，来体会选择思维的作用。

> 在生活中，我们免不了要和别人打招呼。如果是一天中的不同时间段，那么我们打招呼的内容也会发生变化。比如早上我们会说"你吃早饭了吗？"，中午会说"你吃午饭了吗？"，晚上会说"你吃晚饭了吗？"。
>
> 这一系列事件通过流程图表示如下图所示。其中判断条件为早上、中午或晚上。

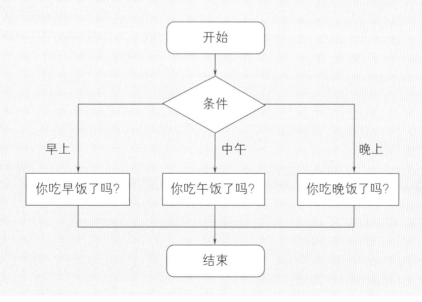

在这个例子中，我们以时间为判断条件，根据条件的三个值，选择对应的流程并执行。计算机执行选择结构的流程就类似上图，根据条件的不同，执行不同的指令。选择结构的条件可以是两个或多个，每一个分支对应一个条件。

生活中需要用到选择结构的情况还有很多，比如遇到不同年龄和性别的人，会用不同的称呼，比如"叔叔、阿姨""哥哥、姐姐"等。

对于需要进行逻辑判断来选择对策的问题，应使用选择结构。选择结构不会严格按照语句出现的先后顺序来执行，这种结构的关键就是构造出合适的分支条件并分析出对应的程序流程。

2.2.2 案例2——会变色的小猫

扫一扫 看视频

在Scratch中，舞台上小猫的默认颜色是橙色。我们可以通过程序改变小猫的默认颜色，使它成为一只会变色的小猫。在这个程序中将会用到选择结构，当小猫满足指定的条件后，就会变色。

这个程序的实现思路是：当程序运行后，小猫从默认的舞台中心向右行走；当它碰到舞台边缘时，自身的颜色改变，并向相反方向移动；当小猫碰到舞台左侧边缘时，颜色和方向会再次发生变化。小猫会在舞台中来回移动，实现变色效果，如下图所示。

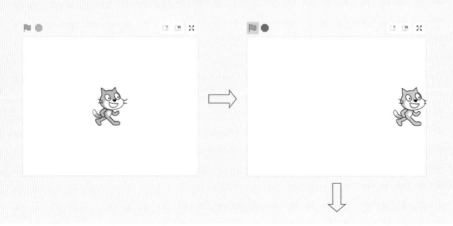

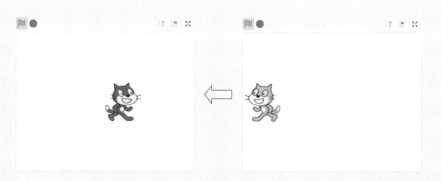

在实现小猫的变色效果时，需要先设置它的初始状态。这里当开始运行程序时，让小猫在舞台中心位置，这也是它的默认位置。然后让它在舞台上重复执行移动10步操作。先在 Scratch 中把初始状态拼接好吧。

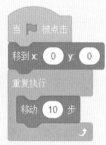

之后继续在 移动 10 步 积木下面拼接选择结构的代码，完整的程序如下图所示。完成程序编写后，运行程序看看执行效果吧！

在拼接积木时，可以根据积木的颜色找到对应的分类。而且还可以根据积木的形状判断不同的积木是否可以拼接在一起。

根据上面的程序，可以看到选择结构的判断条件为小猫是否会碰到舞台边缘。当符合条件后，才会继续执行下面的语句。以下是针对程序中的选择结构提出的问题，请思考后作答。

问题2.2：

小猫移动10步后，如果_____就会变色。

每当小猫碰到舞台边缘一次，自身的颜色就会发生变化。在这个程序中， （如果-那么）积木就是选择结构，而 碰到 舞台边缘 ？ 积木就是选择结构中的条件。将 颜色 特效增加 25 积木可以改变小猫的颜色， 碰到边缘就反弹 积木可以让小猫在舞台区来回移动，而 将旋转方式设为 左右翻转 积木则是为了控制小猫的翻转方式。

我们在使用Scratch编程时，如果不清楚某一个积木实现的效果，可以将其拖到脚本区后查看运行效果。

2.2.3 案例3——变大变小的猫

通过上一个案例，我们可以体会到：在编写选择结构的程序时，需要注意的就是判断条件以及其对应的执行语句。下面根据指定的条件，编写条件分支语句。

扫一扫 看视频

Scratch中小猫的默认大小是100，我们可以通过程序实现小猫变大变小的动态效果。在这个程序中，指定小猫的大小为默认值100，然后重复执行在舞台区的移动操作。之后就是选择结构的编写，完整的代码积木拼接如下图所示。

在这个程序中，选择结构的条件就是 x坐标 > 10 积木。如果小猫的x坐标大于10，就将自身增大5个像素。如果不满足此条件，则将自身缩小5个像素。

积木中白色椭圆框中的数值既可以设置为正数，也可以设置为负数。这里将大小增加的数值设为−5就是每次缩小5个像素的意思。

请大家按照上面的提示拼接好这个程序，并单击 🚩 按钮运行程序，查看小猫是否在变大或变小，如下图所示。

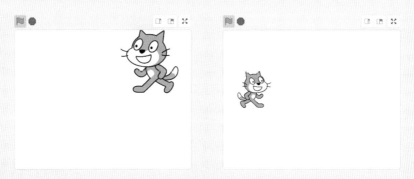

本案例使用的选择结构积木与前一个案例不同，请仔细观察。大家可以发现，与案例2相比，这里的选择结构多了一个"否则"分支。我们可以根据实际需求，在这两种积木之间做出灵活的选择。

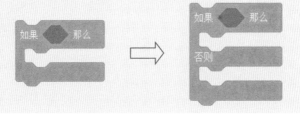

选择结构适合带有逻辑或关系比较等条件判断的情况，设计这类程序时往往都要先绘制对应的程序流程图，然后根据程序流程写出源程序，这样做有利于将程序设计分析与编程语言分开，使问题简单化，易于理解。

2.3 循环思维

循环思维在程序中的体现就是循环结构，即重复执行相同的动作，表现在程序中就是重复执行某一段代码，直到符合指定的条件后才会停止循环。我们在学习上一节选择结构时，用到的 （如果-那么）积木就是循环结构。这里将会展开介绍生活中的循环结构以及如何使用 Scratch 编写循环结构程序。

2.3.1 案例1——制作汉堡包

在日常生活中，我们常会遇到需要重复进行的动作或事情，这些都可以称为循环。让我们通过下面的案例，一起来体会循环思维与前两种方式的不同之处吧。

汉堡包作为西式快餐中的主要食物，相信很多人都吃过。虽然汉堡包有很多不同的种类，但主要是用面包夹一些蔬菜、肉类、芝士等制作而成。在基本制作材料都准备好的情况下，我们可以根据以下顺序快速制作一个汉堡包。

① 放面包。　　② 放牛肉饼。

③ 放芝士片。　　④ 放生菜。

⑤ 放牛肉饼。　　⑥ 放芝士片。

⑦ 放生菜。　　⑧ 放面包。

将所有步骤都执行一遍后，大家不难发现其中有些步骤是重复执行的。请大家仔细观察以上制作步骤，将重复执行的步骤总结出来，并回答以下问题。

問題 2.3：

步骤1：_____。

步骤2：_____。

步骤3：_____。

重复次数：_____。

按照这个思路，你可以多重复几次中间的加料步骤，这样你就能获得一个超级巨无霸汉堡包了。

这个案例只是为了帮助大家理解程序中的循环结构。当我们带着循环思维看待生活中相关的事务时，你可能仍会疑惑，循环中的重复步骤还是要有人一步一步来执行才行，像做汉堡包这个例子，制作时并没有省力。但是，计算机和机器的特点就在于它们不会"累"，把这类重复性的工作交给它们再合适不过了，这也是很多工厂开始大规模应用机器人的主要原因。

2.3.2　案例2——小猫散步

如果制作汉堡包还不能让你理解循环思想，那么下面这个小猫围绕石板路散步的小例子，将会让你感受到小猫重复执行的动作中包含的循环思想。

一只小猫正在花坛附近散步，如果可以指挥小猫，那么应该如何做才能让小猫沿着石板，顺时针围绕花坛行走一周，回到初始位置呢？以下是可以对小猫发出的指令（默认小猫从图中所示的位置开始出发）。

① 向左转。

② 向右转。

③ 向前走7格。

假设这里是一个正方形的花坛，每一格大小相同。小猫从默认的位置开始向前出发，请参考以上指令，回答小猫需要重复哪些步骤，以及需要重复多少次呢？

问题 2.4：

步骤1：_____。

步骤2：_____。

重复次数：_____。

小猫从图中所示位置出发后，向前走7格到达拐角处，此时需要向右转才能继续向前走。以此类推，在重复4次这种操作后，小猫就会重新回到起始的位置。

其实，不只是步骤1和步骤2重复4次。小猫向前走的时候，"向前走"也是一格一格实现的，当向前走7格时，其实就是通过循环"向前走1格"操作7次来实现的。

通过这些案例，我们可以知道循环结构就是将某些同样的动作重复多次。在某些特定情景下，循环中也可以嵌套循环，就像案例2中的小猫。

2.3.3 案例3——会旋转的小猫

当我们将循环思想通过编程体现出来时，需要用到循环结构的程序。下面使用Scratch编写循环结构程序，深入理解循环思维在程序中的体现。

扫一扫 看视频

Scratch中默认小猫面向的方向是90（度），也就是面向舞台区的右方。我们可以使用"运行"分类中带有旋转功能的积木改变小猫面向的方向。当然也可以在角色区中修改角色的方向。

重复执行的次数可以按照自己的需求来修改，默认是10次。

积木中有左转和右转功能，默认旋转角度是15度。如果想增大小猫的旋转，可以输入较大一些的旋转数值。

在Scratch中拼接好这个程序后，在运行之前想一想，舞台上的小猫会发生什么样的变化呢？请根据以上程序回答以下问题。

 问题2.5：

> 当运行程序后，小猫每次向____转____度。
> 重复转动的次数：_____。

单击 🚩 按钮运行程序，结果如下图所示。小猫从初始的90度向左旋转75度（15度×5=75度）后程序结束运行。和你想象中的结果一致吗？当

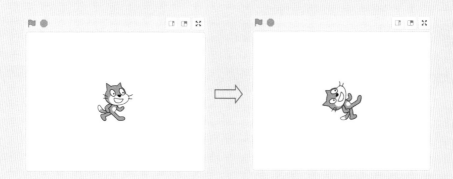

小猫的方向是0度时，面向的就是舞台的上方。大家可以在角色区的"方向"中调整小猫的方向，查看角度的变化。

在"控制"分类中，循环结构积木有以下三种。在程序中使用时可以根据需求自行选择。

可以指定循环的次数，满足执行的次数后，循环停止。

无限循环。如果不停止程序的运行，将会一直循环下去。

可以指定循环条件。只有满足这个条件后，循环才会停止。

在下面这三个程序中，虽然实现的都是循环向左旋转15度，但是最终实现的效果各不相同。左侧的程序在循环5次之后会停止，中间的程序会使角色一直循环左转，右侧的程序中有一个循环终止条件就是角色的方向等于–90度（只有满足方向为–90度，程序才会停止）。

试着分别运行这三个程序，观察小猫在舞台上的表现。

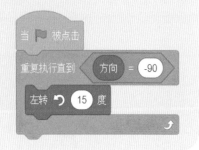

当前我们已经对程序的三大结构有所了解了，这几种结构有时可以用来处理同一个问题。虽然有时候它们之间可以互相替代，但是程序的执行效率和代码的简洁程度却大不相同。

解析：

下面使用两种程序结构分别实现角色向左旋转15度的效果。从程序中积木的拼接可以直观地看到左侧程序使用的是循环结构，右侧程序使用的是顺序结构。虽然这两个程序实现的效果相同，但是循环结构的程序明显比顺序结构的程序简洁。

循环结构程序

顺序结构程序

还有一点需要注意的是，程序中重复的动作有可能会成为无限循环的动作，只要没有停止指令，程序会一直重复执行。我们在编写程序时，需要注意无限循环程序，也就是"死程序"的问题。

程序中的循环执行操作体现的是一种不断重复的思维方式，在编写程序时，我们除了考虑程序是否可以实现，还需要考虑程序实现后代码的简洁程度。在编写程序时会优先考虑使用代码简洁的方式实现最终功能。

2.4 三种思维方式的融合

在学习了顺序结构、选择结构、循环结构之后，我们可以根据这三种基本结构组合编写出任意复杂的程序。也就是说，任何一个结构程序都可以由这三种基本结构来表示。在编写程序时，灵活使用这三种结构可以锻炼我们的思维方式。在设计编写一个程序时，最好将程序流程图画出来，尤其是复杂的程序，这样便于梳理自己的思路。这三种结构的基本流程图如下图所示。

扫一扫 看视频

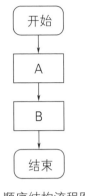

顺序结构流程图

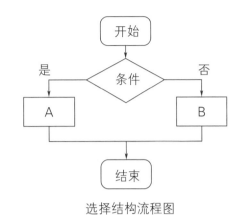

选择结构流程图

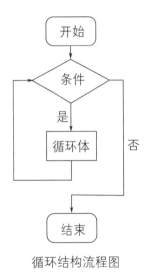

循环结构流程图

这三种是程序的基本流程图，我们可以通过将它们相互组合，画出更复杂的程序流程图。

　　在解决问题或梳理思路时，可以基于以上三种基本流程图画出你所需要的流程图。大家可以尝试在纸上将它们画出来。

　　接下来结合顺序、选择和循环的思想编写程序。在这个程序中我们设定：小猫从舞台中心位置出发移动到随机位置，如果满足设置的条件，小猫的颜色将会发生变化。

　　大家可以想象一下这个程序实现的效果，然后回答下面的问题。

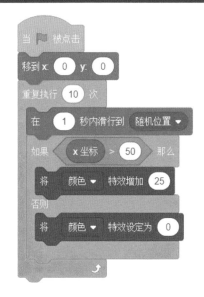

这个程序就包含了之前学过的三种结构。试着分析下代码的作用吧!

问题2.6:

在程序中,小猫随机滑行重复执行了_____次。

小猫满足_____的条件,颜色特效才会增加。

在Scratch中运行程序,结果如下所示。每次小猫都会从舞台中心位置随机移动到任意位置。当小猫的x坐标大于50时,身体的颜色才会发生变化,否则就会恢复到正常状态。当重复执行10次后,程序停止运行。

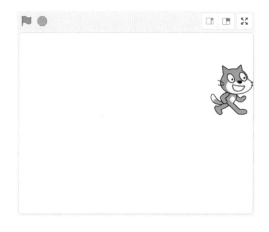

因为程序中设定的是"随机位置",所以每次程序停止运行后,小猫的位置和颜色都可能不同。如果大家对上面这个程序还有所困惑,可以参考以下内容帮助理解程序中的编程思路。

👥 分析:

现在我们已经知道这个程序最终实现的效果是什么样子的了,下面将针对程序中的结构进行介绍。

当单击 🚩 按钮后,无论小猫在舞台的什么位置,都会从坐标为(0,0)的位置开始重新移动,这就是 移到x 0 y 0 积木所起到的作用。之后小猫就开始执行循环操作,当循环次数达到10次后,程序会停止运行。在程序中使用循环体结构,可以减少代码的重复编写。

下面我们再来看循环体中的程序。在循环体中,首先执行的就是小猫在1秒内移动到舞台的随机位置。然后通过选择结构判断是否需要改变小猫的颜色。在选择结构中, x坐标 > 50 就是判断条件。如果小猫在舞台上的x坐标大于50,那么颜色就会发生变化(颜色特效增加25)。反之,如果小猫的x坐标小于或等于50,那么身体颜色就会恢复正常(0,清除颜色特效)。

如果你运行程序,就会发现小猫会在舞台右侧发生颜色变化,其他区域颜色则是正常状态。这种变化与选择结构中的判断条件有关。大家也可以对条件做出灵活的修改。

在这个程序中我们可以看到,循环体中嵌套了选择结构,在循环的同时,也会进行条件判断。在程序中只要涉及循环条件或判断条件，都要考虑该条件是否合理可行，使程序不会陷入死循环。

我们在编写程序解决某一问题时，不能只使用一种方法，要将顺序、选择、循环这三种思维方法结合起来使用，这样解决问题的范围就会变大。灵活组合使用多种编程方法，才是解决复杂问题的关键。

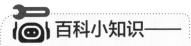 百科小知识——

为什么编写程序只用三种基本的程序结构就够了？

1966年，计算机科学家Böhm和Jacopini通过证明得出结论：任何简单或复杂的算法都可以通过顺序、选择和循环这三种结构组合而成。因此这三种结构就被称为程序设计的三种基本结构。灵活运用这三种结构编写程序，理论上我们就可以处理一切可计算的程序问题。

第 3 章
存放数据的方式

　　我们在使用计算机编写程序时，无可避免地会涉及数据的存储问题。为了让计算机可以像人一样记住事物的状态，在编写程序时会使用变量、常量、列表等方式存储数据。这些抽象概念听起来可能还是很难理解，不用担心，为了让大家更好地理解变量、列表等，在介绍时将会从日常熟悉的场景入手，再使用Scratch编程体会其在程序中的作用。

计算机会将数据分成不同的数据类型，比如数字和字母就是两种不同的数据类型。计算机会将不同类型的数据放在不同的"盒子"里。

数据有数字、字母、图像等这么多不同的形式，计算机是怎么存放它们的呀？

3.1 存放数据的"盒子"

在使用Scratch中不同分类的积木时，想必大家都看到了"变量"分类。变量是Scratch中特别有用的一个工具，我们可以将变量想象成存放东西的盒子。这里先不向大家解释变量的具体含义，而是通过生活中常见的现象，让大家体会和理解变量在程序中起到的作用。

3.1.1 案例1——房间陈设

阿布家最近刚装修完，爸爸妈妈正陆续往家里添置家具。不同的房间摆放了一些基本的家具，以下是家具的摆放情况。

① 阿布的卧室里有床和书桌。

② 客厅里有沙发和凳子。

③ 餐厅里有餐桌。

现在，阿布打算把客厅里的凳子搬到餐厅，因此家具的摆放就变成了下面这种状态。

① 阿布的卧室里有床和书桌。

② 客厅里有沙发。

③ 餐厅里有餐桌和凳子。

之后，阿布在和爸爸妈妈逛家具店时买了一块地毯，就放在了卧室。最终阿布家的家具摆放是什么样的呢？请大家根据上面的描述回答下面的问题吧。

问题 3.1：

阿布的卧室里有 _____。

客厅里有 _____。

餐厅里有 _____。

在添加或搬动房间里家具的例子中，不同房间是不是很像一个个盒子？很巧的是，大家也可以将变量理解成存储东西的盒子。

对于计算机来说，其内部有很多很多类似的盒子，我们可以把值（数字或者字母）放进盒子里。不同的盒子能放进去的值的大小和类型也是有限制的。大盒子可以存放较大的值，而小盒子只能存放较少的值。而且，不同类别的值要放进对应的盒子中。将值放入的过程称为赋值。当计算机把某个值放进盒子里时，就相当于将值赋给了这个变量。将值放进变量中后，也可以再拿出来使用，下面是一个形象的示意图。

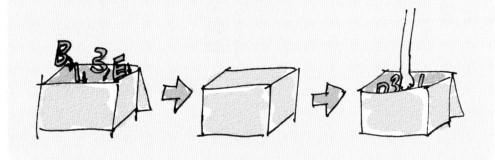

现实生活中，每个房间通常都有固定的功用，也会存放相应的家具，如卧室里应当存放床、衣柜这类起居家具，客厅里存放的是沙发、茶几等休闲家具，餐厅里存放的是餐桌和椅子等用餐家具。在现实生活中，我们完全可以把茶几放进卧室，或者把衣柜搬到客厅，虽然这样是有些奇怪。但是在计算机的世界中，不同的变量（盒子）只能存放特定类型的值，并且容量有限制。

3.1.2 案例2——打扫卫生

在初步了解变量的基础上，我们再通过下面的案例加深对变量的理解。

阿布在学校作为值日生时，需要负责打扫三个走廊的卫生。这三个长短不一的走廊分别是走廊1、走廊2、走廊3。三个走廊中的地砖都是大小相同的，走廊1有6块地砖，走廊2有7块地砖，走廊3有8块地砖。

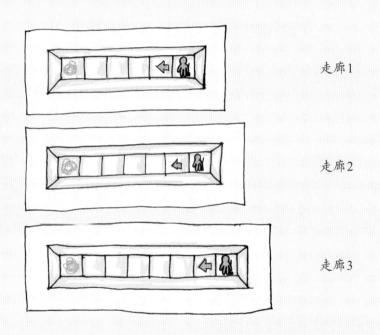

走廊1

走廊2

走廊3

在这个案例中，每个走廊里的"地砖数"就是打扫卫生这一任务的变量。

这样，阿布打扫走廊的任务就可以定义为：打扫"地砖数"。那么，对于走廊1，将6赋给"地砖数"这个变量，阿布就知道要打扫6块地砖了。同理，将7、8分别赋给变量后，阿布就可以完成走廊2和走廊3的打扫任务了。也就是说，我们不需要对"地砖数"这个名字进行修改，而只是赋给它不同的值就可以了。

变量是相对于常量来说的，从它们的名字上就可以看出，变量就是变化的量，而常量就是不变的量。比如一个常量的值为100，那么在整个程序的运行过程中，它都不会发生变化，也就是说程序结束后，这个常量的值还是100。假如一个变量的值为100，等到程序运行结束后，这个100有可能变成50，也有可能变成200。根据程序的不同设定，变量的值也会发生相应的变化。

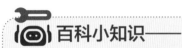 百科小知识——

变量和数据类型有什么关系呢？

计算机中有各种各样的数据，比如数字、字母、图片、视频等，为了合理使用存储空间，计算机会把这些数据分成不同的类型，因为不同类型的数据所占的存储空间大小不一样。

而变量就是为了方便使用不同类型的数据而被创造的。比如将一张照片存储到计算机中，那么计算机就会给照片分配一个存储区域。为了方便查看照片，我们可以为照片起一个名字，而这个名字就是变量名。

3.2 使用变量解决问题

经过前面的介绍，大家已经对变量有所了解。但是学习变量不能止步于字面解释，还需要在程序中实际应用。其实在编程过程中，变量经常会被用到。接下来，让我们在Scratch中学习变量的使用方法吧！

3.2.1 认识程序中的变量

除了变量的值会发生变化，不同程序中的变量名也不尽相同。因此我们在Scratch中创建变量时，需要为变量取不同的名

扫一扫 看视频

字。变量名（也就是变量的名字）主要是根据其在程序中的作用而命名的。下面在 Scratch 中创建名为"打招呼"的变量，然后将值"早上好"赋给这个变量。

　　首先我们需要先单击"变量"按钮，切换到"变量"分类中，可以看到一些按钮和积木。然后单击"建立一个变量"按钮，开始新建变量，如下图所示。

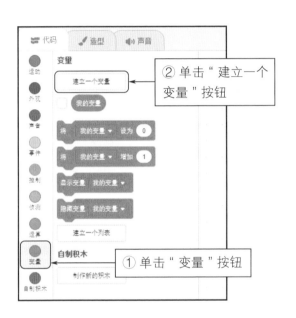

"变量"分类中默认有"我的变量"这个变量。一般情况下，我们都需要针对程序的设定，创建新的变量。

　　接着出现"新建变量"对话框，如下图所示。我们可以在"新变量名"下面的文本框中输入变量名，这里输入"打招呼"。最后单击"确定"按钮就完成一个变量的创建操作了。

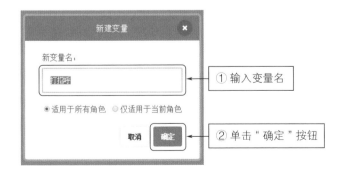

变量创建好之后，我们会发现默认情况下，变量名前面的复选框是勾选状态，此时变量会显示在舞台的左上角。如果我们不需要在舞台上显示变量，可以取消勾选这个复选框。当我们创建了一个新变量后，"变量"分类中的积木会自动变成这个新变量对应的积木，如变量积木已经从默认状态变成"打招呼"了。当然，你也可以点击 打招呼 进行切换。

我们已经创建好名为"打招呼"的变量了，现在还需要为这个变量赋值。

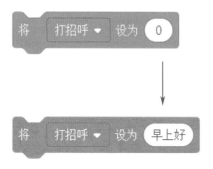

变量的初始值都是0，你可以将积木拖到脚本区再为变量赋值，也可以直接在积木区进行修改。

接下来使用这个变量制作以下程序吧！该程序需要实现的效果是：当程序运行后，小猫会在舞台上说"早上好"，并维持3秒，之后程序停止运行。虽然这个程序不使用变量也可以实现同样的效果，但是当我们在编写复杂程序时，变量就显得尤为重要。

单击 按钮运行程序，结果如下图所示。

在当前这个程序中，通过变量实现了小猫打招呼的效果。或许会有人疑问，明明不使用变量，可以更快地编写好这个程序，那么为什么还要使用变量呢？其实这个程序只是演示变量在程序中的用法，并没有体现出变量的优越性。下面的"分析"将介绍变量在程序中体现出的作用。

分析：

在刚开始接触变量时，把它想象成存储东西的盒子。当我们需要找某样东西时，只要找到对应的盒子，就能找到里面装的东西了。也就是说，当我们新建了一个变量，计算机就会开辟一个空间用来给这个变量存储值。这里就以"打招呼"变量为例进行说明。

说 早上好 3 秒 没有使用变量，这只是一个名为"早上好"的字符串，计算机并没有为它开辟空间进行存储。当我们再次需要"早上好"这个值时，需要重新拖动积木块输入这个值。

说 打招呼 3 秒 使用了"打招呼"这个变量，它的值是"早上好"。那么计算机的内存中就会有一个名为"打招呼"的存储空间，而这个空间里面存储的就是"早上好"这个值。当程序需要再次使用这个值时，只需要引用这个变量就可以了。

如果我们想让小猫说"中午好"或"晚上好"，只需要修改变量"打招呼"的值就可以了。比如小猫在舞台中心说"早上好"之后，移动100步，然后说"中午好"，以下是相关程序。

运行程序后，结果如下图所示。小猫先在舞台中心说"早上好"3秒，然后向前移动100步，接着说"中午好"3秒，最后程序运行结束。

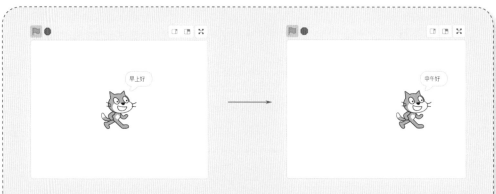

如果Scratch中的变量值发生了多次改变，产生了"前后不一"的情况，Scratch会采用就近原则，选择调用时间点前距离最近的那个变量值。

我们之前在创建变量时，除了输入变量名，还有两个选项值得注意。虽然一般情况下，会使用默认选项，但还是需要了解它们的作用范围。

① 适用于所有角色：就是程序中所有的角色都可以使用这个新建的变量，是默认选项，也称为全局变量。

② 仅适用于当前角色：就是只有一个角色可以使用这个变量，也称为局部变量。当你从角色区切换到其他角色中时，无法看到这个变量，也就是程序中其他角色无法获取该变量。

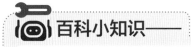百科小知识——

为什么计算机使用二进制?

在计算机复杂的内部电路中，使用二进制在物理上容易实现，而且运算规则简单。与八进制、十进制、十六进制相比，二进制只有0和1两个数字，在数据传输和处理时不容易出错，有力地保障了计算机的可靠性和运算速度。因此，二进制对机器来说才是最方便最简单的实现机制。

3.2.2 案例1——求和

扫一扫 看视频

现在大家明白变量是怎么回事了吧！变量在不同的程序结构中体现出的思维方式也有所不同。比如上面这个"打招呼"变量所在的程序，是顺序思维与变量相结合的程序。本节还会将变量与循环结构相结合解决问题。

对于简单的加减乘除数学计算，想必大家都不陌生。这次将使用变量和循环结构来编写一个1+2+3+4+5的求和程序。在正式编写程序之前需要先创建两个变量sum和x。变量sum用来存储数字相加的和，初始值为0。变量x是相加的数字，初始值为1。

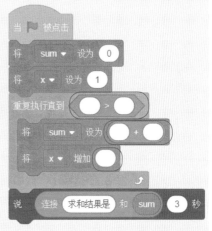

这里已经完成了部分求和程序的编写，还需要大家根据对程序的理解完善空缺的部分内容。

请大家根据上面的描述并结合未完成的程序，回答以下问题。

问题 3.2：

退出循环的条件是_____。

根据积木的拼接方式，sum=_____。

在循环中，x每次增加_____。

完善后的程序如下图所示。根据初始设定，在程序刚开始运行时，sum的值为0，x的值为1。在进行循环条件的判断时，只有x的值大于5才会退出循环。下面我们来分析一下每次循环时，两个变量值的变化。

① 第一次进入循环时，sum的值更新为0+1=1，x的值更新为1+1=2。

② 第二次进入循环时，sum的值更新为1+2=3，x的值更新为2+1=3。

③ 第三次进入循环时，sum的值更新为3+3=6，x的值更新为3+1=4。

④ 第四次进入循环时，sum的值更新为6+4=10，x的值更新为4+1=5。

⑤ 第五次进入循环时，sum的值更新为10+5=15，x的值更新为5+1=6。

在第五次循环结束，即将进行第六次循环时，x的值为6，已经不符合进入循环的条件。所以当x=6时，不会进入循环，而是执行拼接在循环结构下面的积木，让小猫说出求和的结果，也就是第五次循环结束后，得到的sum值。

单击 🚩 按钮运行程序，结果如下图所示。

根据"求和"程序的设定，我们不只可以计算5以内的求和，只要改变循环的判断条件，就可以进行更多的计算。变量的引入，可以改善程序的运行速度和可读性，让大家更容易读懂这个程序是干什么的。

3.2.3　案例2——交换果汁

扫一扫 看视频

在下面的"交换果汁"案例中，使用了三个变量在程序中体现交换的编程思维方式。在这个案例中，除了指定的两个变量外，还需要一个"临时变量"完成果汁的交换操作。

桌子上有两杯果汁，黄色杯子里装的是西瓜汁，红色杯子里装的是芒果汁。现在需要将这两个杯子里的果汁进行交换，变成黄色杯子里装芒果汁，红色杯子里装西瓜汁。这时需要借助第三个杯子，帮助完成果汁的交换。初始果汁分布情况如下图所示。

根据情景设定，在这个程序中我们需要创建三个变量。第一个变量是"黄色杯子"，其值是"西瓜汁"，第二个变量是"红色杯子"，其值是"芒果汁"，第三个变量是"第三个杯子"，其值默认为0。

在程序中，将"第三个杯子"设为"黄色杯子"，就代表将黄色杯子里的果汁倒入第三个杯子中。同理，将"黄色杯子"设为"红色杯子"，就代表将红色杯子里的果汁倒入黄色杯子中。

在完成交换后，第三个杯子里应该是空的，所以其值需要设定为0。

41

若是在现实世界，交换果汁的过程很好理解，不同杯子倒出果汁后，应该就空了。但我们用这个简化的程序模拟的过程中，情况就有所不同了。请根据以上信息，回答下面的问题。

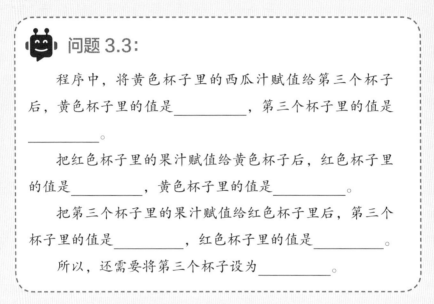

问题 3.3:

程序中，将黄色杯子里的西瓜汁赋值给第三个杯子后，黄色杯子里的值是_____，第三个杯子里的值是_____。

把红色杯子里的果汁赋值给黄色杯子后，红色杯子里的值是_____，黄色杯子里的值是_____。

把第三个杯子里的果汁赋值给红色杯子里后，第三个杯子里的值是_____，红色杯子里的值是_____。

所以，还需要将第三个杯子设为_____。

运行程序，结果如下图所示。从舞台上的变量值可以看出，在执行完交换操作后，变量值发生了变化。

在这个案例中，要想将两个杯子里的果汁进行交换，还需要借助第三个杯子。这里的第三个杯子相当于是临时拿来存放东西的，也就是临时变量。这个临时变量的初始值为0，在交换完成之后，其值仍然是0。

在刚开始接触变量时，我们可以将其理解为存放东西的盒子，通过在Scratch中创建变量并编写程序后，我们知道变量存放的是程序中的数据，可以是字母、数字、汉字等。在编程时，通过变量可以更方便地存储和查找数据。

3.3 存放数据的"柜子"

如果你已经理解了变量，那么对于本节将要介绍的列表也不难理解。列表与变量的概念有些相似，两者都是用来存储数据的。之前将变量看成是装东西的盒子，那么列表就可以看成是包含抽屉的柜子，而柜子的每一个抽屉相当于一个盒子。也就是说，柜子的每一个抽屉就是一个可以存储数据的变量，一个柜子可以存储多个变量。

3.3.1 案例1——乘坐公交车

扫一扫 看视频

从列表和变量存储数据的方式可以看出，一个变量只能存储一个数据，而一个列表可以存放一组数据。也就是说，列表可以比变量存储更多的数据。下面借助不同的案例，帮助大家理解列表。

公交车是我们日常出行的公共交通工具，在确认需要乘坐的公交线路和目的站点后，从自己当前所在公交站点上车出发即可。下面是杭州1路公交车（凤起路十四中→运河天地）的站点信息。

凤起路十四中→运河天地														
编号	1	2	3	4	5	6	7	8	9	10	11	12	13	14	15
站点	凤起路十四中	昌华新村	混堂桥	密渡桥	沈塘桥	石灰桥	打索桥	余杭塘上	董家新村	大关桥西	勤丰桥	勤俭桥北	拱宸桥西	高家花园	运河天地

假设当前所在站点是沈塘桥，要去高家花园站，则需要乘坐9站才能到达目的地。从站点信息中可以看出，起始站到终点站是按照顺序排列的。请大家根据以上提供的信息，回答下面的问题。

问题 3.4：

乘坐1路公交车，最终可以到达的站点是＿＿＿＿＿＿。

在站点信息中，石灰桥是第＿＿＿＿站。

从石灰桥到勤丰桥需要乘坐＿＿＿＿站。

公交车的站点是按起始站到终点站顺序排列，将所有站点汇总起来就是一个列表，而每一个站点就相当于该列表中的一条数据。

按照列表存储数据的方式，我们可以使用Scratch创建一个站点列表，存储公交站点信息。在"变量"分类中除了可以创建变量，还可以创建列表，单击"建立一个列表"按钮，开始新建列表，如下图所示。

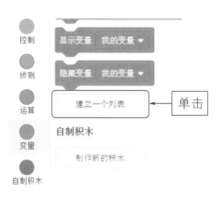

在弹出来的"新建列表"对话框中，输入列表的名称"站点"，然后单击"确定"按钮，如下图所示。这里同样有两个单选项，默认是"适用于所有角色"。

有没有感觉到创建列表的步骤和创建变量很像？

完成列表的创建后，我们可以在"建立一个列表"按钮下面看到新建的列表积木，如下左图所示。默认情况下，新建的空列表会显示在舞台上，而且列表的长度和宽度可以灵活地进行调节。在初始状态下，列表中显示的内容为空，长度为0，如下右图所示。当我们向列表中追加新内容时，列表中会逐条显示添加的内容，长度也会与之对应。

现在我们根据上面案例1中提供的公交站点信息，编写程序，将公交站点加入新创建的列表"站点"中，以下左图是相关程序。如果我们想每次运行程序时，将列表初始化，即清空之前存入的值，那么使用 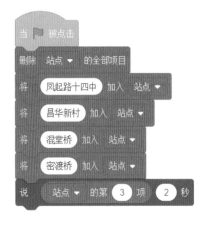 积木，将列表中所有的数据全部删除后，再添加新的值。在下面这个程序中，将四个站点信息存入"站点"列表中，并让小猫说出列表中的第三项。

运行程序后，结果如上右图所示。在"站点"列表中，新加入了四个值，也就是列表项目。此时列表的长度为4。

按照程序的设定，小猫如愿说出了"站点"列表的第三项内容。上面这个程序是顺序结构，如果按照这种结构，让小猫继续说出列表中的第四项内容，那么就需要在程序下面继续拼接 说 站点 ▾ 的第 4 项 2 秒 积木。

如果对该程序进行一个升级，让小猫连续说出列表中所有的项，而且不使用顺序结构，那么该如何编写程序，实现这种效果呢？

👥 分析：

根据程序的设定，小猫需要连续说出列表中的项。因此，这里可以使用循环结构对上面的程序进行修改。对于循环结构，我们需要考虑程序重复执行的次数，那么应该设定重复多少次数呢？对于本例，其实列表中有多少项，重复次数就是多少。这里还需要一个变量存储列表的项目数。大家可以参考以下程序，完成自己的程序。

程序中 number 变量的初始值为1，表示列表中的第1项。不要忘记每次循环时，number 的值都会增加1哦！

在之前程序的基础上，加入了变量和循环结构，这样在运行程序后，小猫可以在舞台上连续说出"站点"列表中的所有项。

3.3.2 案例2——录入公交站点

扫一扫 看视频

在上面的案例中，我们向列表中增加了4个值。每次向列表中存入数据时，都需要再次拖动  积木。这次，我们利用"侦测"分类中的积木，直接向列表中输入公交站点信息。

如果可以灵活地向列表中存入数据，那么只要没有达到列表存储数据的上限，我们可以一直向其中输入数据。要想达到这种效果，就需要使用"侦测"分类中的 积木和 积木。这两个积木需要搭配使用，才能将输入的内容存入列表中。在下面这个程序中，将循环结构与选择结构结合。这里没有设置结束循环的条件，但是在选择结构中设置了程序继续执行的条件，所以可以保证程序不会陷入"死循环"。

请参考程序和说明等相关提示，回答下面的问题。

问题 3.5：

在条件分支语句中，

满足_____条件，程序会停止运行；

将回答的内容加入列表的条件是_____。

48

运行程序后，在舞台区底部的文本框中输入公交站点，并单击 ✓ 按钮，就可以向列表中增加数据项，结果如下图所示。本次共输入了6个公交站点的信息，"站点"列表的长度为6。当然，你也可以输入你熟悉的站点等信息。

当输入"end"并单击 ✓ 按钮后，程序停止运行，同时也会停止输入操作。如果没有输入"end"这个结束符，舞台上就会一直显示"请输入站点信息"的提示语。

从列表的案例中可以看到，列表中的值是从1开始往下排列的。这里的1、2、3、4等数字就是Scratch列表的索引。索引与列表中的值是相对应的，通过索引可以获取对应的值。

3.4　数据的排序和查找

在程序中，数据通过变量或列表等形式实现交换或存取。我们已经学习了变量和列表在程序中的使用方式，本节将带大家学习如何在程序中对数据进行排序和查找指定的数据。

3.4.1 案例1——按高矮排序

在日常生活中，大家或多或少都会遇到需要排队的情况。有时分先来后到，有时按照年龄大小排列，有时按照身高排列，等等。依据的条件不同，得出的结果也会大不相同。

星期一早上学校会举行一场活动，同学们需要根据身高由高到低进行排队。假设班级里有4名同学，并且他们的身高高矮不一，但可能差距也并不像下图中那么明显，你在没有他们身高数据的情况下，该如何指挥同学们按照要求排好队伍呢？

为了能够让同学们快速地排好队伍，下面提供了几种思路可供选择，你会选择哪种方法呢？

① 将最高的同学排在最前面，最矮的同学排在最后面，中间的不管。

② 同学们先自由排队，确认是否按照身高顺序排列。如果不是，再重新排队。

③ 依次两两比较相邻的同学，将高个子的往前移，然后再重复这一过程，直到无需移动。

问题 3.6:

在上面提供的思路中，

第_____个方法可以实现按照身高顺序排队。

　　对于上面提供的三种方案，你认为哪个更可靠呢？下面我们将会逐一进行解释。

　　第一种方案的思路是"错误"的。因为如果按照这种要求排列，队伍里只有第一个和最后一个同学符合要求，中间的排序则可能是错乱的。班级人数增加时，这一问题会更加明显。

　　第二种方案的思路也是"错误"的。如果按照这种随机站队的方式进行身高的比对，效率将会非常低，人多时，你可能无法排出正确的顺序。

　　第三种方案的思路虽然显得复杂，但却是"正确"的。采用两两比对的方式可以更准确地确定身高顺序，而且，即使人数再多，你依然可以有条理地排好队伍。

　　我们将问题简单化进行分析。如果队伍是两个人，排序就变得很容易了吧！只要将两人放在一起，高矮就一目了然，参考以下示例。

　　如果队伍由三个人组成，还是两两比较，然后交换顺序，实现下图中的一系列调整。

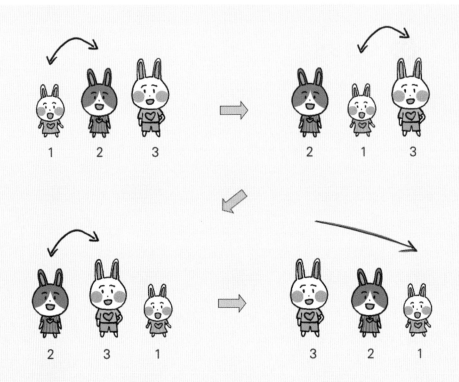

上面这种排序方式是针对紧挨着的两个人进行排序的，在第一轮排序时，首先是1号和2号进行比较，因为2号比1号高，所以他们需要交换位置。然后，1号和3号进行比较，结果也需要交换，此时1号已经来到队伍的最后，不需要再进行交换。接下来是第二轮排序，2号和3号比较后需要进行交换。至此，实现最终的高矮排队效果。

如果队伍由四个人组成，我们再来看一下交换过程。

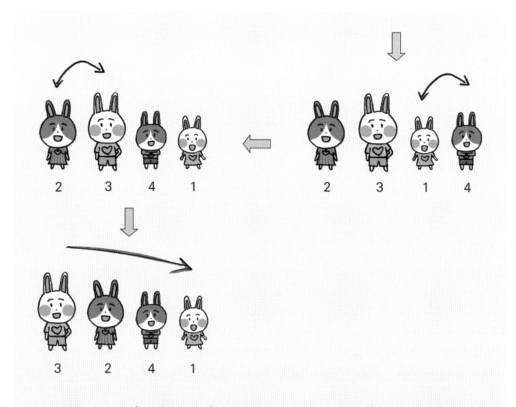

这个例子的情况相对简单，经过两轮排序，就实现了队伍由高到矮依次排列。

使用这种方法除了可以对同学们的身高进行排序，还可以对其他元素进行排序，比如一堆杂乱无序的数字。

从无序状态开始进行两两比较交换位置，最终将元素有序地排列好，这种排序方式称为冒泡排序法，是一种比较基础的交换排序方法。之所以叫冒泡排序法，是因为这种排序方法中每一个元素都可以像汽水里的小气泡一样，根据自身大小，一点一点地向一个方向移动。

下面对一组无序的数字进行升序排列，将有助于大家理解冒泡排序法。这组数字原始顺序如下，需要排列成1、2、4、5、7、8的顺序。

| 4 | 7 | 5 | 2 | 8 | 1 |

分析:

根据冒泡排序法的思路,要想让这组数据按照从小到大的顺序排列,需要相邻的两个数字进行两两比较,并决定是否需要交换位置,以下是排序的过程。

第一轮排序:

先让4和7进行比较,发现4比7小,因此两个数字的位置保持不变。接下来让7和5进行比较,发现7比5大,需要交换7和5的位置。交换过程如下所示。

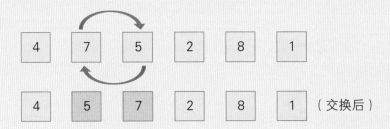

继续让7和2进行比较,发现7比2大,需要交换位置,交换过程如下所示。

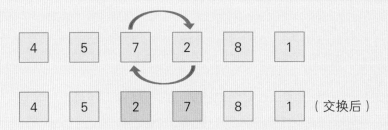

继续让7和8进行比较,发现7比8小,不用交换位置。继续让8和1进行比较,发现8比1大,需要交换位置,交换过程如下所示。

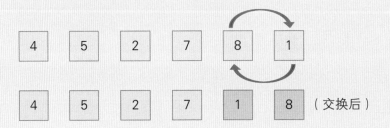

这样一来,8作为最大的数字就顺利地排在了序列的最后,第一轮排序结束。

第二轮排序:

先让4和5进行比较,发现4比5小,位置保持不变。继续比较5和2,发现5比2大,需要交换位置,交换过程如下所示。

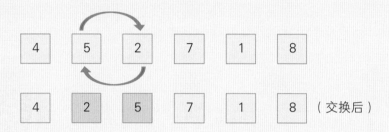

继续让5和7进行比较,发现5比7小,位置保持不变。继续比较7和1,发现7比1大,需要交换位置,交换过程如下所示。

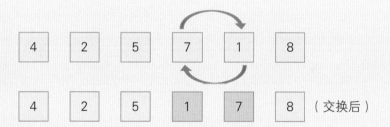

因为8已经在上一轮锁定,所以7和8不用再多比较一次了。这样7顺利排在了序列倒数第二的位置,第二轮排序结束。

根据以上方法,得出第三轮排序的结果如下所示。

第四轮排序的结果如下所示。

第五轮排序结果如下所示。

| 1 | 2 | 4 | 5 | 7 | 8 |

经过一轮轮排序，较大的数字先排到了队尾，而较小的数字一点一点移到了前面。最终，所有数字都有序地排列好了，这就是冒泡排序法的整体思路。

3.4.2 案例2——对随机生成的数字排序

扫一扫 看视频

现在大家已经对冒泡排序法有所了解了，下面我们将在Scratch中使用程序实现这种算法，对随机生成的数字进行排序。

在Scratch中使用"运算"分类中的随机数功能获取一组数字，然后通过程序实现冒泡排序法，对这组数字进行排序。这里将会把随机生成的一组数字存储在列表中，将列表长度定为6，也就是需要随机生成6个数字，然后再对它们进行排序操作。

在对数字排序时，需要从小到大依次排列，也可理解为将最大的数字放在最后重复执行5次（剩最后一个数字时就不需要再排序了）。这里，我们将重复执行次数设定为"列表的长度−1"，用一个变量 次数 存放重复的次数。

当 次数 为1时，最大的数字需要挪到列表的第6项（倒数第一位）。当 次数 为2时，对于第二大的数字，则需移动到列表的第5项（倒数第二位）。按照这种思路，可以归纳为"列表的项目数−次数+1"。

在重复的过程中，从列表的最前面开始，一直移动到列表的第 随机数▼ 的项目数 − 次数 个，即指定位置的前一个地方。当前后两个数字进行大小比较后，如果是前大后小（前面的数字大，后面的数字小），就进行交换。

为了让列表中的数字可以前后进行交换，还需要一个变量存储数据。如果直接用后面的数字替换前面的数，那么原本前面的那个数就会被覆盖，不存在了。因此，这里将前面需要替换的数放入临时变量中，程序中的 temp 就是临时变量。

在程序开始时，需要将变量"次数"的初始值设定为1。临时变量在刚开始时没有存放任何值，所以将temp的初始值设为0。变量x的值与列表的长度有关，在1到"列表的长度−1"之间变化。

之后使用循环结构重复执行6次，将生成的1到30之间的6个随机数存入"随机数"列表中。然后开始进行排序操作。

请根据以上文字描述和部分程序，回答下面的问题。

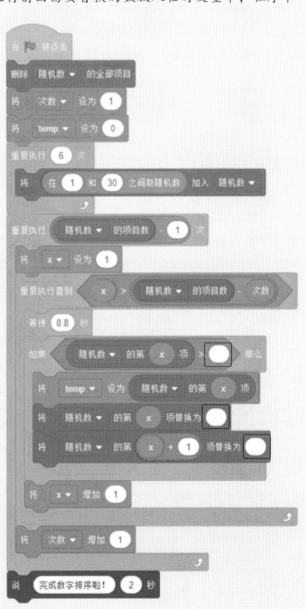

57

问题 3.7：

在条件分支语句中，如果"随机数"列表的第 x 项大于_____时，才会继续执行其中的语句。在将 temp 设为"随机数"列表的第 x 项后，应该将该列表的第 x 项替换为_____，将第 x+1 项替换为_____。

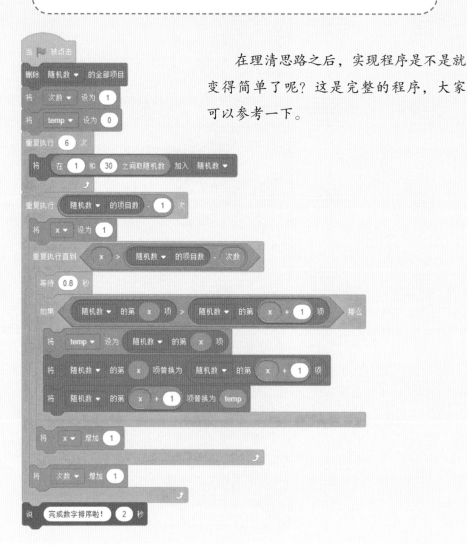

在理清思路之后，实现程序是不是就变得简单了呢？这是完整的程序，大家可以参考一下。

运行程序后，列表中会随机存入一组无序排列的数据，如下图所示。每次运行程序生成的数字都会不同，比如下面的1、27、30、22、13、9这组无序数据。此时次数、x和temp开始按照程序的设定变化。

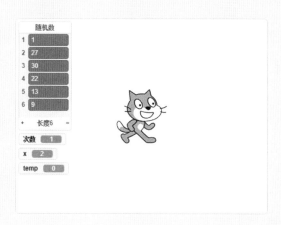

执行完交换操作后，列表中的数据已经按照从小到大的顺序排列好了，如下图所示。排序后的数据为1、9、13、22、27、30。

在程序运行的过程中，我们可以观察到次数、x和temp三个变量的变化过程，以及在列表中不断调整的数字位置，最终会得到一组有序的数据。

3.4.3 案例3——按顺序查找数据

扫一扫 看视频

现在，对于一组无序的数据，我们已经可以通过程序将其变为有序。那么如何从一组无序的数据中找到指定的值呢？下面通过一个案例介绍如何使用顺序查找法找到指定的数据。

在Scratch中创建一个名为"数组"的列表，将一组无序的值存入该列表中，使用变量x进行计数。那么现在"数组"列表中就有了20、15、30、25、50的一组无序数据。我们的目标是找到数字25在列表中的具体位置。

在查找数字25时，程序会从列表的第一项开始对比。如果第一项不是要找的数，就开始循环对比第二项、第三项等，直到找到该值，才会执行选择结构中的语句。找到指定的值后，按照程序设定，小猫会说出该值位于列表中的第几项，之后停止程序的运行。

根据以上文字描述和部分程序的提示，回答下面的问题。

问题 3.8:

在循环结构中，程序的重复执行次数为_____。

在选择结构中，满足_____等于25，会找到该数字在列表中的位置。

在确定程序的循环次数时，如果只是单纯地指定5次，那么当列表中新增数据后，还需要再次修改循环次数。如果直接将循环次数指定为列表的项目数，那么无论列表中的项目怎么变化，都不需要再次修改此处的循环次数。在查找数字25时，借助了变量x，这样可以灵活地依次对列表的项进行判断。以下是完整的程序。

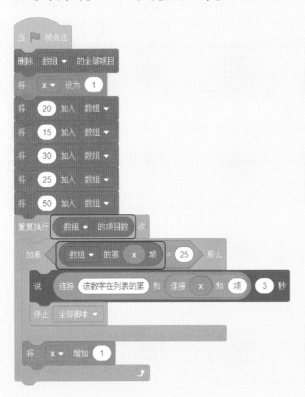

这里我们是在一组无序的数据中使用顺序查找法进行数据的查找。这个方法对有序数据同样适用，也是从第一个数开始依次进行查找。

61

运行程序后，结果如下图所示。通过对列表中的项进行比对，成功找到了数字25位于列表的第4项。

在上面这个案例中，我们很容易从5个数中查找其中一个。但如果是从成千上万的数中查找一个数，结果又会怎样呢？按照这种思路，它还是会从第一个数开始查找。如果要找的数在列表中的最后位置，那么，即使是再先进的计算机，使用这种"笨"方法查找起来，也要花费很多时间，效率将会非常低。

3.4.4 案例4——二分法查找数据

扫一扫 看视频

为了缩减查找数据的时间，我们可以使用二分法（也称折半查找法）查找数据。不过使用该方法的前提是：数据必须是有序的。也就是说，对于无序数据，不能直接使用这个方法，必须先对数据进行排序变成有序数据后才可以。

使用二分法查找数据时，会先从一组有序数据的中间位置开始查找。每次进行数据查询时，会将这组数据分为前后两个部分，将要查询的数与这组数据的中间值进行比较。如果要查询的数小于中间值，就在这组数据的前半部分再次使用二分法进行查找。反之，则在后半部分查找，直到查询结束为止。在开始使用二分法查找数据之前，先将一组有序数据存入"数组"列表中。

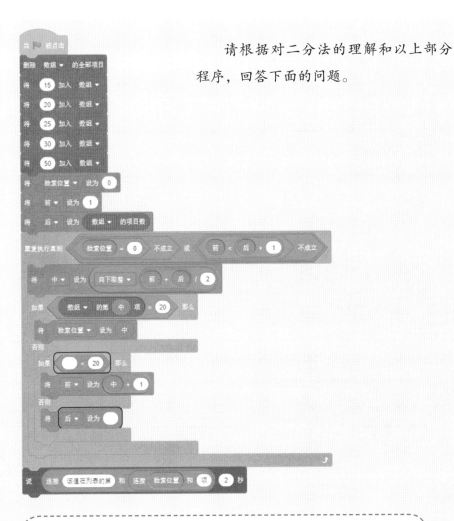

请根据对二分法的理解和以上部分程序，回答下面的问题。

问题 3.9：

在标记的条件分支语句中，如果_____小于20，会将变量"前"设为"中+1"；

否则会将_____赋给变量"后"。

在下面的二分法程序中，需要借助前、中、后、检索位置4个变量，标记列表中的项。

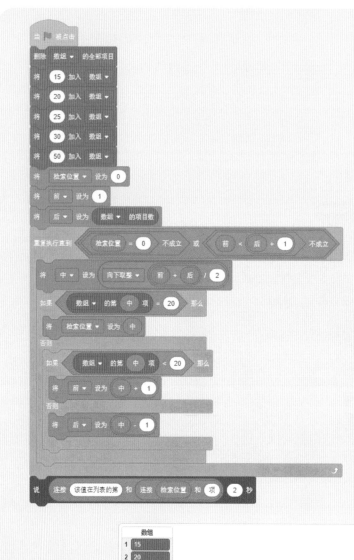

运行程序后，结果如下所示。我们要查询的是数字20在"数组"列表中的什么位置，根据程序设定，可以检索到该值位于列表的第2项。

在使用二分法进行数据查询时，需要对数据折中对比。上面这个例子中，数字20位于列表的前半部分，检索位置比中间值小。如果不对数据进行排序，就无法根据中间值进行检索比对。

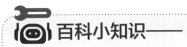百科小知识——

为什么算法在编程中很重要?

在日常生活中，解决一件事情可以有多种方式，但是不同的方式解决问题的效率也会不同。同样，在编写程序时，不同的算法也会影响计算机的效率。在数据量很小的情况下，不同算法的差异并不明显，甚至可以忽略。但当数据量非常庞大时，可能别人在编写程序时优化了算法，使计算机处理数据的速度非常快，程序运行1秒就能将数据运算完毕，而你的程序却要花费10000秒才能处理完相同的数据。因此，算法在程序中至关重要，优秀的算法可以帮助非常高效地解决问题。

第 4 章
函数思维

　　程序所实现的功能都是由一条一条的指令汇总而成的。当我们将程序中的不同功能分别汇总到不同的函数中，那么代码的逻辑会更加清晰，也更容易阅读和理解。在编写程序时，养成函数思维可以让编程更加方便。"函数"是学习编程必须要知道的一个概念，本章将带大家学习和编写带有函数的程序。

我们可以将反复用到的功能定义成函数，这样再次使用这个功能的时候，直接调用函数就可以了。

太好啦！学会使用函数，就不用重复编写程序了。

4.1 认识函数

在程序中，函数是人们抽象出来的一种定义，它通常就是一组代码。一个函数通常只能实现简单的功能，但多个函数组合起来，就可以实现强大的功能。

假设为了实现某个功能，在 Scratch 中用到了 12 块积木。在继续编写程序的过程中，发现还需要再次用到这个功能。如果把前面写好的功能代码复制过来，程序就会变得特别长，执行效率也可能会受影响。引入函数后，我们可以将这 12 块积木定义成一个函数。当我们再次需要这个功能时，直接使用这个函数就可以了。下面我们先试着从日常生活中学习函数思维。

4.1.1 案例1——煎鸡蛋

为了学习烹调各种美味的菜肴，我们通常都会参考菜谱，里面会详细记录一道菜的具体做法。菜谱就像一本指导书一样，也可以说是一种烹饪美食的函数。以煎鸡蛋为例，烹饪步骤如下所示。

① 开小火预热。

② 将油倒入煎锅中。

③ 将鸡蛋打入煎锅中。

④ 放入调味料。

⑤ 出锅装盘。

以上步骤是一种"煎鸡蛋"的方法。有了这个方法，我们就可以很快制作出一份美味的煎鸡蛋。而对于计算机，我们也可以教会它这一整套过程，使其能够实现煎鸡蛋的功能。

现在，让我们来想象一下，假如现在需要制作三份煎鸡蛋，计算机要如何实现呢？以下是可能的实现步骤。

① 开小火预热。　　　　　　② 将油倒入煎锅中。

③ 将鸡蛋打入煎锅中。　　　④ 放入调味料。

⑤ 出锅装盘。　　　　　　　⑥ 开小火预热。

⑦ 将油倒入煎锅中。　　　　⑧ 将鸡蛋打入煎锅中。

⑨ 放入调味料。　　　　　　⑩ 出锅装盘。

⑪ 开小火预热。　　　　　　⑫ 将油倒入煎锅中。

⑬ 将鸡蛋打入煎锅中。　　　⑭ 放入调味料。

⑮ 出锅装盘。

每煎一个鸡蛋需要5步，三个煎蛋就需要15步。这种方法看起来的确有一些繁琐。

如果使用函数，那么制作三份甚至更多煎鸡蛋的过程就会得到简化。下面将煎鸡蛋的过程转化为函数，将制作过程定义成函数。

定义"煎鸡蛋"函数：

① 开小火预热。

② 将油倒入煎锅中。

③ 将鸡蛋打入煎锅中。

④ 放入调味料。

⑤ 出锅装盘。

> 定义函数后，还需要调用哦！这样计算机才会去执行这个函数。

这时，计算机制作三份煎鸡蛋的程序可以这样编写。

煎鸡蛋

煎鸡蛋

煎鸡蛋

像这样使用函数，就能非常简单地表达程序。从制作煎鸡蛋的过程看，将步骤整合到一个函数中，这样无论需要制作几份煎鸡蛋，都可以通过函数快速实现。

4.1.2 案例2——又是打扫卫生

通过"煎鸡蛋"案例,我们学习了如何将过程整合到函数中。下面以打扫卫生为例,再次体会一下函数的作用吧!

阿布要打扫体育馆上下两层的走廊(白格子),我们以这个情景为例,编写一个带有函数的程序,演示用同样的程序实现打扫上下两个楼层的卫生。

上层   下层

下面列出一些可供选择的指令。试着通过这些指令构建一个可以完成任务的函数吧!

① 前进。

② 向左转。

③ 向右转。

④ 停止。

请根据程序的部分内容完善"打扫"函数。

问题 4.1：

定义函数"打扫"：

前进并打扫，当面对墙壁时，＿＿＿＿＿＿＿。重复执行前进与转向，直到打扫完所有走廊后，＿＿＿＿＿＿。

对上下两层，分别执行＿＿＿＿＿＿函数。

如果打扫楼层时的出发点或方向不同，那么在执行打扫程序时，里面的部分动作可能就需要改变。在上面的程序中，"向左转"动作没有用到。更改出发点或方向后，在程序中则有可能用到这个动作。

上述的函数程序并不严谨，你可以试着优化一下。

函数实际上是一种简化主程序的过程。我们在编写程序时，常常会遇到要重复进行复杂的运算或者复杂的动作，这些运算或者动作，往往分布在主程序的各个地方。这时，我们就可以运用函数，将一系列复杂的过程用一个函数名来代替，在主程序中直接调用这个函数名，就能实现同样的功能，使得编程更加简单高效。

4.1.3 在Scratch中使用函数

扫一扫 看视频

通过前面的案例，我们了解了如何运用函数思维解决问题。接下来，我们就在Scratch的环境中，学习如何创建并使用函数制作两个数进行四则运算（加、减、乘、除）的程序。

在Scratch中单击"自制积木"分类，然后单击"制作新的积木"按钮，如右图所示。

在弹出的对话框中，将积木的名称改为"四则运算"，这也是函数的名称。在这个自制积木下面有三个选项，这里我们选择最左边的"添加输入项（数字或文本）"按钮，如右图所示。由于我们需要两个数值进行四则运算，所以单击两次这个按钮。

在两个输入项中分别输入"数字1"和"数字2",这相当于函数"四则运算"中两个参数的名称,如左图所示。单击"完成"按钮就完成了函数的创建。

在定义的"四则运算"函数中, 数字1 和 数字2 是函数的参数。所谓函数的参数就是在创建函数时,预留的一个空值。自制积木时,有三个选项可供选择,这就是给定义的函数添加参数的地方。

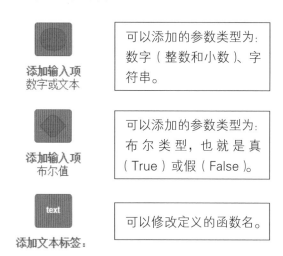

操作完成后,在脚本区会出现 积木,该积木上"数字1"和"数字2"是两个独立的积木,可以通过鼠标指针将其拖动出来,变成独立的 数字1 积木和 数字2 积木。在"制作新的积木"按钮下面出现 四则运算 积木。

现在我们已经完成函数积木的创建,下面开始编写带有函数的程序。我们需

要先在 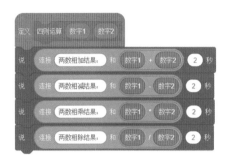 积木下面拼接其他积木，完成"四则运算"函数的编写。然后在其他程序中调用这个函数的功能。

可以直接将 数字1 和 数字2 两个积木拖动到"运算"分类的积木中。

如上图所示，我们就完成了"四则运算"函数的编写，可以实现两个数字的加、减、乘、除功能。下面开始编写主程序，然后在主程序中调用这个函数，使用它的功能。

在主程序中需要两个变量"数字1"和"数字2"，并为其赋值。然后使用 四则运算 积木调用函数的功能。这里的 数字1 和 数字2 是主程序中的变量，而 数字1 和 数字2 又是函数"四则运算"中的参数。

全部程序编写完成后，就实现了一个可以进行四则运算的程序，如下图所示。

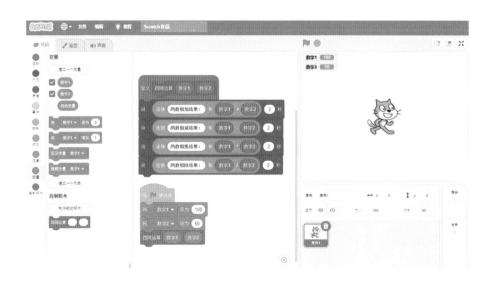

运行程序后，小猫会连续说出数字100和数字50相加、相减、相乘和相除的结果，如下图所示。

分析：

我们在定义"四则运算"函数时，并没有给 数字1 和 数字2 赋值，因为它们是形参（形式参数），可以理解为一种"占位记号"。通过这种形式定义的函数就具有了一定的灵活计算的能力。在调用函数时，我们可以根据需要为它们传递不同的值。

而在编写主程序时，我们创建了两个变量，并分别为其赋值。 数字1 的值是100，变量 数字2 的值是50，它们属于实参（实际参数）。通过 四则运算 数字1 数字2

拼接，相当于我们将100和50分别传递给函数中的两个参数，这样函数内部就可以用100和50进行相应的运算了。

直接填入数字，也可以实现相同的结果。

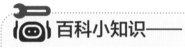
百科小知识——

为什么函数会叫函数？

函数的英文是function，这一名词最早是由德国数学家莱布尼茨于17世纪首先采用的。那么是谁将function翻译为"函数"的呢？

1859年，我国清代著名数学家李善兰在翻译《代数学》一书时，首次把function翻译成"函数"。他曾解释"凡此变数中函彼变数者，则此为彼之函数"，简单来说就是"如果一个量随着另一个量的变化而变化，就可以认为这个量是另一个量的函数"。

4.2 递归函数的使用

除了在主程序中调用函数，其实函数也可以调用函数，甚至一个函数还可以直接或间接调用自己。就像套娃玩具，大娃娃里套着小娃娃，小娃娃里又套了一个更小的娃娃……这种调用自己的函数就叫做递归函数。在使用递归时，一定要设置一个递归出口，就像循环结构中要有一个循环结束的条件，否则程序就成了死循环。下面通过两个案例学习递归函数的思维方式。

4.2.1 案例1——小猫报数

单从字面意思上看，可能大家很难理解"递归"的具体含义。下面通过一个简单的程序，或许可以让你初步体会递归函数的不同之处。

在Scratch中，通过程序让小猫从1开始报数。定义函数"数字"，包含一个参数num，实现小猫从1数到10的效果。如果num在10以内就继续报数，否则停止报数，程序停止。

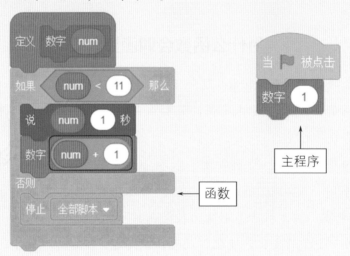

在定义的函数"数字"中，除了主程序调用了该函数以外，这个函数本身也在调用自己。

左侧是定义的函数"数字"，用来实现小猫报数的功能，在选择结构中，使用了 函数积木，调用了自身的功能。在num小于11期间，小猫会一直报数，num的值也在不断加1。一旦num=11（不满足num<11）时，程序立即停止。右侧是主程序，使用 积木调用了函数的功能。

76

运行程序，小猫会从1开始报数直到10为止，如下图所示。

同样是报数程序，以下是使用循环结构来实现的。首先创建一个变量"数字"，将初始值设为1，然后使用循环结构让小猫报数。我们让这个变量在重复执行的过程中逐渐加1，直到变量值大于10，程序停止运行。

大家可以分别使用递归函数和循环结构，编写这个程序，体会其中的差别。

4.2.2 案例2——计算1+2+3+4+5

扫一扫 看视频

下面使用递归函数实现1到5的累加求和程序。虽然这是一个简单的数学题，但是如何通过递归函数实现累加求和的思维方式是值得我们学习和了解的。

在进行累加求和时，要计算1到5的总和时，我们可以先把这一问分解成两部分：即"1到4的总和" + "5"。

累加到5的和＝累加到4的和+5

而对于"累加到4的和"，我们可使用同样的思路拆分计算，方法如下。

累加到4的和＝累加到3的和+4

按照这种思路，一直持续到"累加到1的和"，结果如下。

累加到1的和＝1

假设计算累加到n的和，也就是num为n时，可以将上面的过程归纳成以下公式。

累加到n的和＝累加到n–1的和+n

在累加求和程序中，首先需要定义函数"累加求和"和参数num。在本程序中，累加计算1到5的和，所以参数num取值为5，变量"结果"的初始值为0。使用递归程序进行累加求和时，必须明确递归结束的条件，即当num取值为1时，计算结束。

以下是使用递归函数编写的累加求和程序，大家可以根据以上描述，想想该如何完善这个程序。

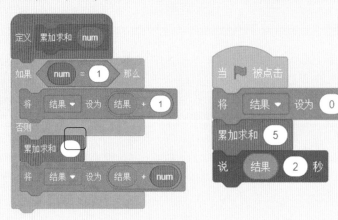

请根据上面的提示，回答下面的问题。

问题 4.2：

在"累加求和"函数中，应该在积木中填入_____，才会实现递归函数求和的功能。

程序在刚开始时需要将"结果"变量的初始值设为0。在使用递归进行累加求和时，需要考虑递归的结束条件，如例子中n=1的情况。因此需要使用选择结构，将n为1和n为1以外的其他值分开考虑并编写程序。而n为1以外的其他值都是按照"累加到n的和＝累加n–1的和+n"的思路进行计算的。

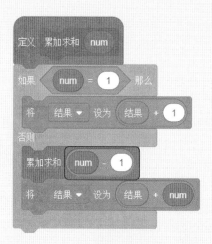

运行程序，小猫会说出1到5的累加求和结果，如下图所示。

递归的这种思维方式，在刚开始接触时，可能会觉得难以理解。我们可以在编写程序的过程中，慢慢体会和理解。

4.2.3　案例3——探索二分法

扫一扫 看视频

我们在学习数据的排序和查找时，了解了如何使用二分法查找数据并编写对应的程序。现在结合递归思想，探索二分法。

在之前的二分法程序中，我们在有序列表中找到了数字"20"位于该列表的第2项。现在将递归和二分法结合，编写程序。

首先创建函数"探索二分法"，包括检索位置、前、后三个参数，然后在函数中实现二分法的功能，这里调用了自身两次。在主程序中创建列表，存入有序数据，调用函数。

以下是完整的程序供大家参考和理解。

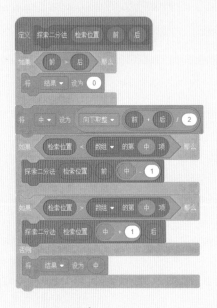

运行程序后，结果如下图所示。小猫会说出数字20在列表的第2项。

　　我们在编写这个程序时，可以想想当时编写二分法查找数据时的思路，判断想要搜索的值是大于列表的中项值还是小于列表的中项值。在梳理思路时，大家可以在纸上画出流程图，帮助理解程序。

　　在使用递归时，我们要牢记递归的三个要素：一是要明确函数的功能；二是要找出递归结束的条件；三是要总结出函数的等价关系。

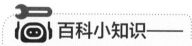 百科小知识——

汉诺塔问题和递归有什么关系？

　　汉诺塔问题是一个经典的递归问题。汉诺塔起源于印度的一个古老传说，大梵天创造世界的时候做了三根金刚石柱子，在一根柱子上从下往上按照大小顺序摆着64片黄金圆盘。大梵天命令婆罗门把圆盘从下面开始按大小顺序重新摆放在另一根柱子上。并且规定，任何时候，在小圆盘上都不能放大圆盘，且在三根柱子之间一次只能移动一个圆盘。在使用计算机求解汉诺塔问题时，最简单的算法还是通过递归来解决。

4.3 消息的传递

对于"消息"这个词，相信大家都不陌生。在程序中也有消息，我们可以通过编写程序实现消息的互相传递。本节将通过两个案例帮助大家理解消息在程序中的作用。

4.3.1 案例1——文具店老板的话

在使用程序传递消息之前，我们先回顾一下日常生活中的情景。

阿布和同学在上学的途中，去学校附近的文具店买文具。店铺老板看了店里的时钟后，发现快到上课的时间了，于是立刻对他们说："上学快迟到了。"听到老板的话，他们才意识到要迟到了，并匆忙出发，及时赶到了学校。

从上面的描述可以看出来，阿布和同学是在听到文具店老板对他们说"上学快迟到了"，才改变原有的行为，快速到达了学校。那么这里老板的话"上学快迟到了"就是一条消息，当阿布和同学接收到这条消息后，做出了相应的反应。

消息有发送方和接收方，这里文具店老板就是消息的发送方，阿布和同学是消息的接收方。在程序中，当一个角色接收到另一个角色发送的消息后，就可以执行对应的程序。

4.3.2 案例2——打招呼

在Scratch的"事件"分类中有对应的消息积木，下面使用相关的积木编写关于消息的程序吧！

扫一扫 看视频

想让消息得到传递，需要至少两个角色。在编写打招呼的程序时，除了舞台上默认的小猫角色，我们再添加两个角色。在角色区单击  按钮，可以进入 Scratch 角色库选择角色。这里分别添加角色 Duck（鸭子）和 Monkey（猴子），这样舞台上就有三个角色了。

每个角色通常都有自己的任务，所以在为每一个角色编写程序之前，需要先单击这个角色的缩略图，切换到它的脚本区。

单击不同角色的缩略图，切换到各自的脚本区

在这个程序中，我们要实现的效果就是当小猫问：今天打算做什么呀？其他两个小伙伴会根据收到的消息分别做出回应。

小猫将说的话以广播的形式发送给小伙伴，消息的默认名字是"消息1"。以下是小猫角色的程序。

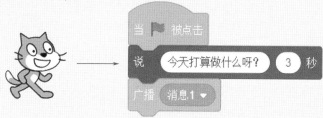

鸭子收到消息后，会说：去游泳！并持续3秒。以下是鸭子角色的程序。

猴子收到消息后，会说：去摘香蕉！并持续2秒。以下是猴子角色的程序。

请大家根据上面的描述和程序，回答以下问题。

 问题 4.3：

在打招呼的程序中，

小猫是消息的_____方，鸭子是消息的_____方，猴子是消息的_____方。

运行程序后，小猫说：今天打算做什么呀？并将此消息广播出去，如右图所示。

当鸭子接收到小猫发送的消息后会说：去游泳！猴子收到消息后会说：去摘香蕉！我们可以看到鸭子和猴子在收到相同的消息后，做出了各自的反应，如下图所示。

在这个程序中，用到了两个关于消息的积木。一个是用来将消息传达给其他角色，一个是其他角色用来接收消息。

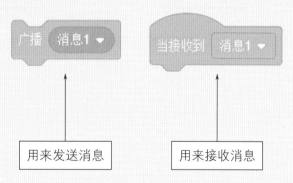

用来发送消息　　　　　　用来接收消息

通过消息的发送和接收，可以实现不同角色之间的互动。在 Scratch 中，当一个角色发送广播消息时，是面向所有角色的，即所有角色都可以接收这个消息，只不过需要使用 ▨▨▨▨▨ 积木才可以接收到相应消息，后续才能进行相应的处理。

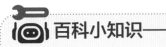 百科小知识——

计算机之间是如何通信的?

如果我们要将计算机中的数据发送到网络上或者发送到对方的计算机中，那么双方都必须要遵守网络通信协议。常见的网络协议有：TCP/IP协议、UDP协议、HTTP协议、FTP协议等，这些协议有着不同的数据处理规则。通信协议可以将网页内容、邮件等加工转化成可以在网络上传输的信号，从而实现通信。

第 5 章
分析思维

我们在现实生活中所遇到的问题，往往并不像前面几章例子中那样简单。那么在编写程序时，如何将复杂问题一步一步拆解成简单可实现的步骤，是非常关键和重要的。本章将会带大家学习如何将问题分解后再重组，分析问题的共性，使用抽象思维编写程序。

编写程序可不是一上来就直接输入代码那么简单，需要先对问题进行分析哦！

面对一件复杂的任务，我的程序该怎么编写呢？从哪里开始？

5.1 分解和重组

大家有没有玩过积木玩具呢？积木是老少皆宜、极具趣味性的玩具。我们可以使用积木玩具搭建出各种造型，也可以将搭好的造型拆掉，并重新组装成其他造型。本节将带大家学习分解和重组的思维方式。

5.1.1 案例1——分享汉堡包的制作方法

此前，我们通过制作汉堡包让大家了解了循环思维。这里还是以汉堡包为例，带大家初步认识问题的分解和重组。

在一次春游时，阿布给大家带去了自己精心制作的汉堡包，大家都觉得很好吃。回去后同学们纷纷询问他如何才能自制美味的汉堡包。阿布应该如何组织自己的语言，将制作方法教授给大家呢？

阿布在家时会按照脑海中的制作步骤进行制作。如果要将方法分享给同学们，还需要分享更多的细节，以保证汉堡包的味道。将整个制作流程分成几个小步骤，就能很容易地将制作方法传达给同学们。

首先，分析制作汉堡包的食材，需要准备两片面包、一片生菜、一片肉饼、一片芝士片。然后，将食材按照顺序放在面包上。阿布制作的汉堡包看似简单，但他使用食材的顺序也是有讲究的，如此，才能保证汉堡包独特的味道。

阿布将制作流程分解成了以下6步：

① 准备两片汉堡包专用的面包、一片肉饼、一片芝士片、一片生菜。

② 先取一片面包。

③ 将肉饼放在面包片上。

④ 再放芝士片。

⑤ 再放生菜。

⑥ 最后再放另一片面包。

熟悉了制作过程后，阿布现在可以清晰地将制作方法分享给同学们了。虽然阿布可以自己制作汉堡包，但是要将方法分享给其他人，为了表述清楚，就需要将整个流程分解成小步骤，然后分享给同学们。同学们根据这些小步骤就可以制作出一个美味的汉堡包了。阿布将方法告诉同学时使用了分解思维，而同学们根据方法制作汉堡包就是重组的过程。

就像大家可以根据菜谱上的方法制作美味的菜肴一样，编写程序也是这样。数据就是食材，只要知道具体的步骤，就可以制作出目标程序，解决指定的问题。通过初步了解分解和重组的思想后，我们在处理复杂事情之前可以先对其进行分析，了解必要的步骤或所需的材料，将整体细化后再分步骤完成。

5.1.2　案例2——还是打扫卫生

还记得之前打扫卫生的案例吗？这里我们可以使用分解和重组的思维，重新思考一下打扫卫生的流程。

通常，我们在打扫卫生时，会先将明显的垃圾（比如纸团、碎纸屑、果皮等）清扫掉，然后再用拖把彻底把地面清理干净。

我们将问题分析清楚之后，打扫卫生就会简单很多。在打扫卫生之前，我们会先对地面的清洁状况有一个大概的认知。比如地面上是否有明显的垃圾，如果有，需要先用扫帚进行清扫。如果地面没有明显的垃圾，我们可以使用拖把将细小的灰尘拖干净。

虽然打扫卫生看起来是一件非常简单又熟悉的事情，但是我们使用编程思维对这件事分析之后，可以将其细化为可执行的步骤。

请大家根据以上分析，回答下面的问题。

 问题 5.1：

> 将打扫卫生分解成以下步骤：
>
> ① 对地面的卫生状况进行判断。
>
> ② 如果发现了明显的垃圾，＿＿＿＿＿＿。
>
> ③ 之后，＿＿＿＿＿＿。

在这个事件中，在判断地面卫生状况，是不是很像之前学习的选择结构（条件分支）呢？而且对于扫地这动作，不是扫一下就停止的，而是一直扫，直到地面没有明显的垃圾，这就是之前学习的循环结构。

5.1.3 在Scratch中体会分解和重组

接下来我们使用分解和重组的思维方式，编写一个模拟打扫卫生的程序。在这个程序中，小猫是打扫卫生的角色，此外还要新增一个小球作为垃圾。这两个角色通过消息的传递，来实现清理垃圾的效果。

扫一扫 看视频

对于小猫来说，除了能上下左右移动，还需要侦测垃圾。当碰到垃圾后，广播消息。

对于小球来说，当它接收到小猫发来的消息后，会将自己隐藏起来，表示小猫已经将垃圾清理了。

下面先来思考一下小猫扫地这个动作。如果一直在一个地方扫，那么清扫的位置永远都是这个地方。所以在扫地时，一定会伴随着移动。体现在程序中可以是每清扫一次移动10步。

在Scratch中实现这个程序，大家还需要了解坐标系的概念。坐标系分为X轴和Y轴，X轴的范围是–240 ～ 240，Y轴的范围是–180 ～ 180，如下图所示。大家可以在Scratch的背景区单击 按钮，进入Scratch背景库中找到这个带有坐标系的背景图。

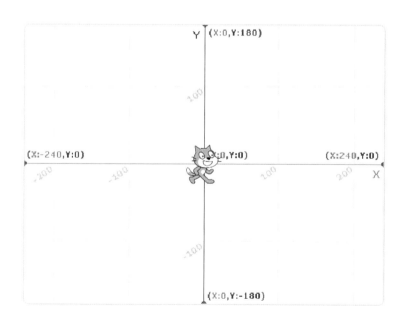

在扫地的过程中伴随着移动，体现到程序中就是角色上下左右移动。使用 Scratch 中 "侦测" 分类里的  积木，可以通过键盘控制角色在舞台上的移动。

除了空格键，还可以使用方向键、字母或数字控制舞台上的角色。

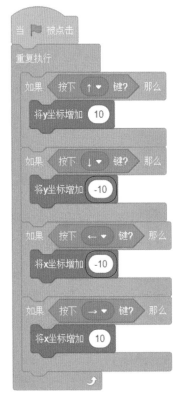

在这个程序中，角色以10为单位移动。当按下↑键时，角色向上移动；当按下↓键时，角色向下移动；当按下←键时，角色向左移动；当按下→键时，角色向右移动。

当角色的x或y坐标增加的数值是负数时，表示在向左或向下移动。大家可以对照坐标系理解这一点。

运行程序后，我们可以使用键盘上的四个方向键移动小猫在舞台上的位置，如下图所示。

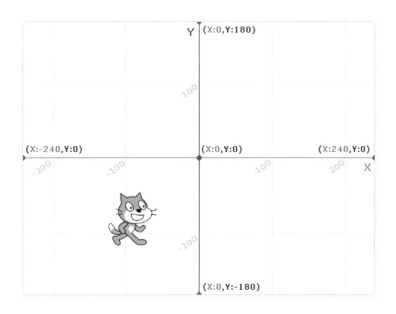

以上是我们针对扫地这个行为进行的分解，通过程序实现了扫地时前后左右的移动。接下来，就是对垃圾的处理了。如果碰到明显的垃圾，就需要使用选择结构进行处理。

如果是你，会如何编写这部分程序呢？下面通过分析对程序进行补充。

分析：

这部分程序其实很简单，当看到垃圾后，就移动到垃圾所在的位置，将其清理掉。对于这种设定，表现在程序中就是如果小猫侦测到垃圾，就广播消除垃圾的消息。当作为垃圾的角色接收到这个消息后，隐藏起来。

程序设定小猫的初始位置是舞台的中心（0，0），小球的位置是（200，100）。当通过方向键移动小猫，让其碰到小球后，小球会消失，程序停止运行。

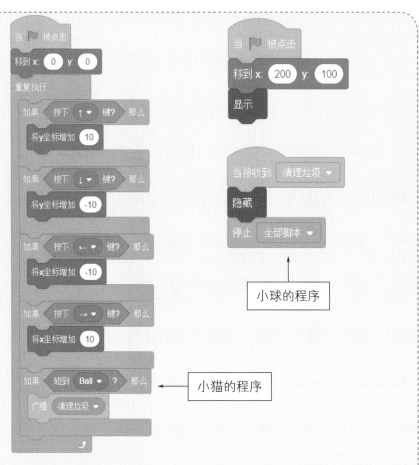

运行程序，发现小球在舞台的右上方。因此，我们可以使用↑和→键移动小猫。当小猫到达小球附近的坐标位置时，无论小猫身体的任何部位（包括胡须）碰到小球，小球都会消失。小球消失前后的对比结果如下图所示。

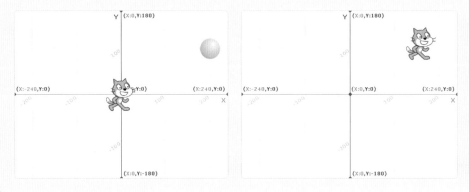

以上就是通过程序模拟了打扫卫生的情景。在编写这个程序时，我们要学会将一个整体分解成小步骤，在Scratch中使用不同功能的积木将小步骤重组起来，从而实现整体的功能。

 百科小知识——

软件是如何制作出来的？

软件或者APP的开发是一项复杂的工程。一款软件的开发，通常需要很多人分工完成，每个人负责不同的功能或模块，最后将所有功能或模块组装起来，才能形成一款完整的软件。比如开发一款大型游戏，不仅需要很多开发人员，还需要游戏设计、原画设计、建模、音效、测试等技术人员。因此可以说，任何复杂的任务，基本都需要分解与重组这种分析思维。即使是制作独立小游戏，其背后也同样存在这样的逻辑。

5.2 共性分析

大家在生活中会看到各种品种的狗，比如拉布拉多、金毛、柯基、雪纳瑞等，但是当不同品种的狗狗们一同出现时，我们一般都会统称它们为一群狗狗，这就是抽取了它们的共同特性，也就是共性。当我们对事物进行共性分析时，往往需要忽略它们的独特之处，而只抽取共同的特点。

5.2.1 案例1——食物的共性

我们经常会接触到一些相似性很高，但又略有不同的东西。从日常用品到食物都隐藏着这种现象。下面通过分析食物的共性，或许可以对你有所启发。

有着独特风味的西式快餐受到了很多人的喜爱。大家有没有发现，像比萨、三明治、汉堡包这类食物的相似之处呢？或者说它们普遍都是由哪些食材制作而成的呢？

比萨　　　　三明治　　　　汉堡包

下面列出了阿布喜欢的食物的食材表，打钩的地方表示食物中包含这种食材。

食材	比萨	三明治	汉堡包
面包片		✔	✔
面饼	✔		
生菜		✔	✔
芝士	✔	✔	✔
火腿	✔	✔	
牛肉	✔		✔
鸡蛋		✔	✔

请大家根据上面的表格回答下面的问题。

 问题 5.2：

制作比萨、三明治和汉堡包都用到了_____。

通过上面的表格可以发现，尽管比萨、三明治、汉堡包是不同的食物，但是它们之间还是会有一些相似之处。在制作这些食物时，会用到相同的食材，也会用到独有的食材。这就是它们的共同性和独特性。有时候一些事情直接通过人或计算机进行处理比较困难，这时我们可以分析事情的特性。如果具有共同特征，就进行归纳，这样会便于理解和处理事情，也就是共性分析的过程。

对于这三种食物，除了可以从制作食材上分析它们之间的共性，还能从其他角度进行共性分析？这里从制作方法入手，分析三者之间的共性，以下是它们的共性表格。

制作方法	比萨	三明治	汉堡包
在面饼上放食材并烤制	✔		
两片面包夹着食材		✔	✔

从制作方法这个角度分析，可以发现只有比萨需要进行烤制，而三明治和汉堡包都是通过面包夹着熟制食材制作而成。

从制作食材和制作方法等不同角度进行分析，得到的共性分析结果也会不同。也就是说，我们在分析问题时，要善于从不同的角度入手，这样有利于发散思维，全面分析问题。在编写程序时，也要学会分析问题的共性，这样可以解决某一类具有相同特性的问题。

5.2.2 案例2——文字的特征

在上面的案例中，我们通过三种食物学习了如何进行共性分析。接下来在Scratch中编写程序，体验一下共性分析思维。

> Scratch角色库中包含了Block、Glow、Story三种文字样式。进入Scratch角色库后，选择"字母"分类，就会看到三种不同的样式。从下图中我们很容易就能看出Block-A和Block-Z属于同一种文字样式，Glow-A和Glow-Z属于同一种样式，Story-A和Story-Z属于同一种样式。

Block–A

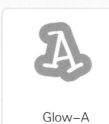

Glow–A

Story–A

Block–Z

Glow–Z

Story–Z

> 大家可以试着总结不同样式字体各自的特征。可以从文字颜色、轮廓颜色等方面进行分析。比如Block-A和Block-Z的共同特征是轮廓颜色都是黑色，Glow-A和Glow-Z的轮廓颜色都是青色。
>
> 在编写程序之前，我们先增加这三个不同样式的字母"A"，并用鼠标拖至不同位置。

根据文字的特征编写程序，要求小猫碰到指定的Glow文字样式才会有所反应，否则就继续滑行。这里从文字的轮廓颜色入手，当小猫碰到指定的颜色后，做出下一步反应。

要想识别颜色，需要用到"侦测"分类中的 碰到颜色 ？ 积木哦！快来试试吧！

在使用 碰到颜色 ？ 积木时，可以通过颜色、饱和度、亮度三个值来选择颜色。如果不知道颜色的具体值，可以单击 这里的颜色，通过取色器吸取舞台上指定的颜色。当单击 按钮后，除了舞台区，其他区域都会变暗，此时可以开始吸取颜色。

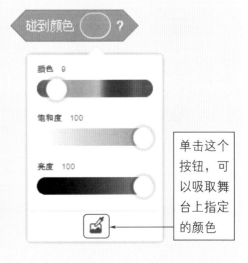

单击这个按钮，可以吸取舞台上指定的颜色

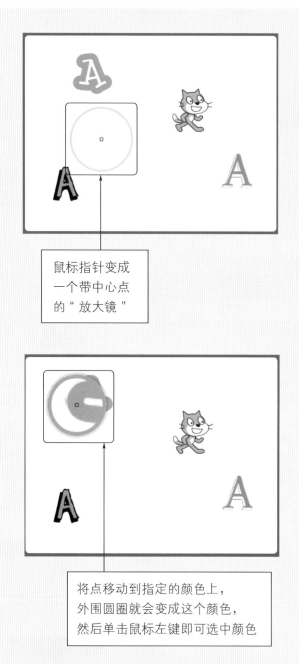

鼠标指针变成
一个带中心点
的"放大镜"

将点移动到指定的颜色上，
外围圆圈就会变成这个颜色，
然后单击鼠标左键即可选中颜色

在这个程序中，我们要找的就是 Glow 文字样式的特点。通过轮廓颜色判断出青色是 Glow 文字样式的特点，也就是这种样式的共性。

运行程序后，小猫会在舞台上随意滑行。当碰到Glow文字样式的青色轮廓时，小猫的颜色特效会增加，并说出"找到Glow字体样式啦！"，如下图所示。

使用计算机可以简单快速地处理各种事物，但这通常需要分析它们的共同特征，然后将具有共同特征的事物集中在一起进行处理。

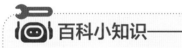 百科小知识——

车牌识别是如何实现的？

为了进行车牌识别，首先需要由摄像机等进行拍照，有时还需要对牌照进行定位，确定牌照位置。然后按照车牌的共性，将牌照中的字符分割出来。接着，将分割好的字符进行识别，并重组成牌照号码。最后，就可以根据数据库中的数据进行对比，实现无人值守停车，或进行交通违章取证等功能了。

5.3 抽象思维

抽象是从事物中抽取出共同、本质性特征的过程，这也是编程必备的一种思维能力。"抽象"与"具体"相对应，具体包含了事物的诸多细节，而抽象会从多种属性中舍弃部分属性。比如，近距离观察飞机，你会发现它很大，有机舱、机翼、发动机、轮子等很多结构特征。但是，如果飞机飞上天，离我们很远时，我们观察到的飞机就好像是一个会飞的"点"，此时我们只会关注它是在飞行。

5.3.1 案例1——野餐

阿布准备这周末和朋友们一起去野餐，他们想要吃得开心，而且营养均衡。因为朋友们对食品营养不太了解，所以打电话询问阿布的建议。阿布要如何组织语言回复朋友们呢？下面提供了几种表达方式。

① 一顿午饭，注意营养均衡。

② 带主食、肉类、蔬菜、水果、乳制品。

③ 带2个面包、1包香肠、1份蔬菜沙拉、1盒草莓、2瓶牛奶。

④ 带蛋白质、维生素、脂肪、糖类和膳食纤维。

这四种不同的表达方式，其细致程度各不相同。上面哪一种回答方式能体现抽象思维呢？请回答以下问题。

推荐的表达方式：_____。

理由：_____。

在以上几种表达方式中，①和④过于抽象，不能很好地将信息传达给不懂食品营养的朋友，很难指导他们准备食物。③是最具体的，但如果朋友们准备了相同的食物，不利于分享。对于②来说，既没有局限于具体的食物，又不会表述过于抽象。当朋友知道大概的食物种类后，就会按照喜好准备食物了。

如果直接将复杂的事物交给人或计算机来处理，就需要制定很多的细节条件，这样不仅非常麻烦，还容易忽略重要的特征。运用抽象思维，将重要的特征从中抽取出来，化繁为简，更容易达成目标。不过需要注意的是，不要过度抽象，以免脱离问题的实际情况。

5.3.2 案例2——机器猫打扫卫生

对抽象化概念有了初步的认识后，下面通过编程进一步体会抽象思维。

扫一扫 看视频

使用Scratch编写程序，实现让主人Ruby指挥两只"机器猫"打扫卫生。一只负责打扫房间的地面，另一只负责打扫天花板。

这里使用的不是默认的白色背景，而是在Scratch背景库中选择了Room2作为背景。我们这里设定的是室内打扫卫生，有天花板和地面两区域需要打扫。

Room 2

103

这里用不到默认小猫的角色，需要将其删除，然后重新在Scratch角色库中选择三个角色，分别是Ruby、Cat 2（重命名为机器猫1号）、Cat Flying（重命名为机器猫2号）。

Ruby

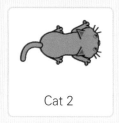

Cat 2

Cat Flying

因为天花板和地面是两地独立的区域，如果打扫工作只让一个角色完成，那么程序会相对复杂一些。而将打扫工作分配给两只机器猫角色，使其分工合作，那么每一部分实现起来就相对简单一些。

为了更贴近情景，我们可以切换Ruby的造型。在"造型"界面将默认的ruby-a造型切换到ruby-b造型。然后回到"代码"界面编写程序。这里Ruby就可以坐着发号施令了，比如发送"开始清扫灰尘"的消息。两只机器猫收到指令后，开始打扫卫生。

机器猫1号收到消息后，会在舞台下半部分活动，负责打扫地面卫生。这里机器猫1号的坐标位置是根据它在舞台的活动区域决定的。由于它只在舞台下半部分活动，所以你可以对它的活动范围进行设定，比如将y轴范围设为（–90，–150）。

机器猫2号收到消息后，会在舞台顶部活动，负责打扫天花板。

这里机器猫2号的活动范围在舞台顶部，所以在y轴的范围为（100，170）。不过，这个范围可以灵活调整。

请大家根据上面的程序，回答下面的问题。

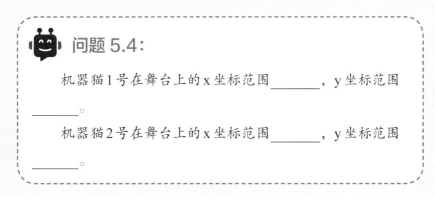

问题5.4：

机器猫1号在舞台上的x坐标范围_____，y坐标范围_____。

机器猫2号在舞台上的x坐标范围_____，y坐标范围_____。

两只机器猫在舞台上的活动范围取决于程序的设定。运行程序后，结果如下图所示。机器猫1号在地面，机器猫2号在天花板，而主人则坐在凳子上发号施令。

在利用计算机编程时，合理抽象可以帮助解决很多复杂问题。在这个程序中，我们设置了三个角色来执行不同的任务，这也是一种抽象。将天花板的打扫工作给了机器猫2号，机器猫1号并不知道其他角色的职责，只执行自己的任务，同理，机器猫2号也是如此。而主人Ruby不会负责具体的细节，而只负责传达消息。

在上面的程序中，机器猫1号只负责在地面部分活动。接下来，我们再试着丰富它的打扫程序，如果它的x坐标大于0，就向左旋转50°。请继续在机器猫1号的程序中添加相关积木吧。

分析：

这里给出了一个条件对x坐标进行判断，继续在循环结构里面的

积木下面拼接选择结构，条件就是 。

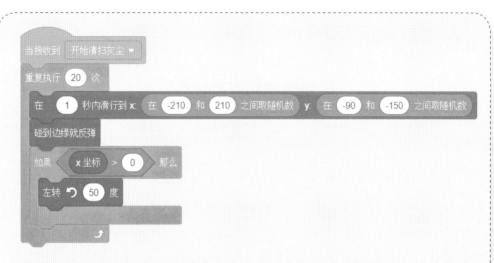

这里增加的程序只对机器猫1号起作用，不会影响到其他角色。当我们使用抽象化思维编写程序时，将一个功能分开，让不同的角色分工完成，当我们想对其中一个角色的程序做出改变时，不会影响到其他角色。

我们也可以添加新的角色，继续接收"开始清扫灰尘"这个消息，然后进行后续的编程操作。

除了可以使用消息在角色中编写不同的程序之外，还可以使用函数实现抽象化思维。一般抽象和具体是相辅相成的，抽象化是前面下达的命令，具体化是下面执行的细节。

那么该如何提升我们的抽象思维能力呢？除了通过编写程序锻炼抽象思维能力之外，平时还应该多阅读、多总结沉淀。阅读书籍比看视频动画更好，因为图像比文字更加具体。我们在阅读某一段描述时，可以发挥想象锻炼抽象能力，而图像传达给大脑的是一种具体的信号，降低了想象力和抽象思维能力。在阅读时养成总结的习惯，比如写读书笔记，而且最好不要直接摘录原书的内容，而是用自己的话总结归纳书中的内容，提取中心思想。这样不仅能加深理解，构建自己的知识体系，还能提升自己的抽象思维能力。

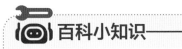 百科小知识——

逻辑思维到底是什么?

逻辑思维是存在于人脑中的一种思维方式, 不同的人对逻辑思维应用的程度不同。逻辑思维的形成是人类在社会实践中慢慢进化和发展起来的, 它由逻辑和思维两个概念组成。思维指的是人的大脑将通过感觉器官收集到的信息进行整理、加工和改造的过程。逻辑指的是客观存在于  人类大脑中的思维规律, 它不以个人的主观意志为转移。人类在进化过程中先有了思维, 通过思维对世界进行认识和改造。

第6章
建模思维

到目前为止，我们已经了解了很多关于编程的思维方式。当遇到比较复杂的问题时，相信你已经有了一些解决问题的方法，而能够将这些方法系统组合起来的，就是建模思维。

在建立模型的过程中，你需要先将问题分解，然后进行共性分析和抽象化。在此基础上进行模型化，再进行编程，最后得出符合逻辑的结论。

编写程序是要讲究方式方法的。面对复杂的问题，先建立模型会比较好哦！

将编程模式化确实简化了复杂的难题，感觉大脑得到了解放！

6.1 将编程模式化

编写程序并不是随心所欲地堆积代码，而是经过思考和分析之后，由繁化简，分步实现。这样按照一定的规律和逻辑编程，就是将编程模式化。建模的本质在于抽象，即将事物的特征提取出来，构造出一个简化的模型。

6.1.1 案例1——游玩计划

大家在做某件事时会不会制定计划，比如制定一天的学习计划或者到某地的路线呢？下面我们来看一下阿布和朋友们如何制定游玩计划。

阿布和朋友们计划周末一起出去游玩。他们提前制定了一份游玩计划。他们打算早上9点先去人民广场集合，然后去天文馆看展览，接着去附近的动物园，最后去美食城吃饭，结束时还是在人民广场集合。由于游玩地点比较集中，他们打算步行，这样还能锻炼身体。

通过上面的情景描述，相信大家能很快完成这份游玩计划图。以下是完整的路线。

像这样制定一份游玩计划，就不怕弄错了。

阿布和朋友们从人民广场出发，最后又回到人民广场。中间会去天文馆、动物园、美食城三个地方。如果去更多的地方，那么像这样一份计划图的优势就会更加明显。

在我们没有绘制上面的计划图之前，会有表述有误的可能性。如果处理不好，就会浪费时间和精力。我们把游玩计划中的重要节点抽取出来建立模型，绘制成上面这种图，大家都知道接下来要做什么。在整个建模过程中最重要的是抓住事情的特征，找到最重要的东西，然后进行绘制，这样绘图的意义会更大，也更加高效。

可能大家已经发现了图中的一个特点，就是每个地点的转换都伴随着步行。而从人民广场出发后，中间所做的事情可以归结为娱乐。如果将人民广场作为初始点和终止点，中间的归结为娱乐，那么可将流程进行以下简化。

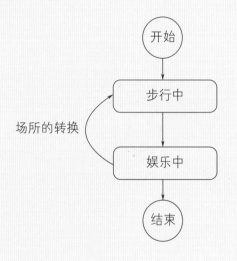

场所的转换

提取流程中的共性，或许就可以得到更精简直观的模型。

将所有的游玩地点都简化为娱乐项目，整个计划图的主体部分以步行和娱乐为主。这样进一步地抽象化制作模型，可以让整件事情一目了然，快速了解其中的本质规律。相比细化的娱乐项目，这种模型图更加抽象。

现实世界中观察事物的角度有很多，一个普通的事物可以包含很多信息，我们不可能考虑到它的所有细节。我们需要做的是从某一个或几个角度去观察和分析事物，通过建模体现你所关注的主要信息。舍弃具体细节，只抽取重要特征就是建模。

6.1.2 案例2——等待号令

通过建模来制定计划，可以让复杂的事情变得条理清晰，处理起来也会更简单。另一方面，建模也可以帮助我们更好地用程序来进行事物的模拟。

扫一扫 看视频

还记得第5章中机器猫打扫卫生的程序吗？每个角色负责的任务都不一样，主人Ruby负责指挥，机器猫1号负责打扫地面，机器猫2号负责打扫天花板。在这个程序中，两个机器猫都是在等待主人发送的信号，当接收到信号后，它们分别执行各自的程序，所以它们本质是一个模型。下面将机器猫1号和机器猫2号的程序抽象成一个模型。

还记得两只机器猫的程序吗？如果是你，将会如何将程序绘制成一个简易的模型呢？

以下是机器猫1号的程序。

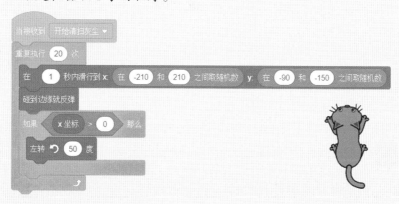

以下是机器猫2号的程序。

通过程序可以看出来，两只机器猫都在等待"开始清扫灰尘"这个消息。接收到这个消息后，它们会开始各自的打扫任务。根据这个思路，可以绘制以下模型。

重点还是在于化繁为简，关注关键环节。

请根据自己的理解，补充虚线框中的内容，回答下面的问题。

 问题 6.1:

机器猫开始执行打扫卫生程序的条件是＿＿＿＿＿＿＿＿＿。

以下是根据程序绘制出的完整模型，适用于两只机器猫的程序。在这个模型中，两只机器猫打扫卫生的各种细节被省略了，比如移动范围、旋转方式等。在完善程序时，我们只需基于同一个模型，为两只机器猫补充相应的任务细节就可以了。如果有更多的机器猫参与打扫，这种方法的优势将更加明显。

我们在分析程序、建立模型时，要学会将细节性的东西暂时忽略，抽取出主要的部分，然后将其简化成模型。相较于较为复杂的程序部分而言，精炼的模型会更加通俗易懂，就算是没有学过编程的同学依然可以读懂整个流程。所以，试着将学习或工作模型化吧，说不定，你会得到很好的启发哦。

6.1.3 案例3——发号施令

通过上面这个案例，我们学习了如何将不同的程序简化成同一个模型。下面我们再对这个模型进行完善。

扫一扫 看视频

此前，程序的设定是：两只机器猫在接收到消息后开始打扫卫生，打扫完成后程序结束。现在，我们增加一条设定：如果在打扫卫生的中途有其他事情造成了干扰，那么这个程序就会停止，等再次收到信号后，才继续打扫卫生。

这次我们使用键盘上的按键控制消息的发送，当按下↑键时，主人Ruby广播"开始清扫灰尘"消息，当按下空格键时，主人Ruby广播"清扫中止"消息。

对于两个机器猫来说，当接收到"开始清扫灰尘"消息时，会执行正常的清扫工作，相关程序与案例2中相同。而当它们接收到"清扫中止"消息后，就应停止执行清扫工作。以下是两个机器猫中的新增程序，这两个角色的新增部分是相同的。

以下是根据程序设定更新的完整模型。当机器猫在打扫卫生时，收到中止信号后，会进入等待状态，只有再次收到开始打扫卫生的信号，才会继续执行相关的打扫程序。

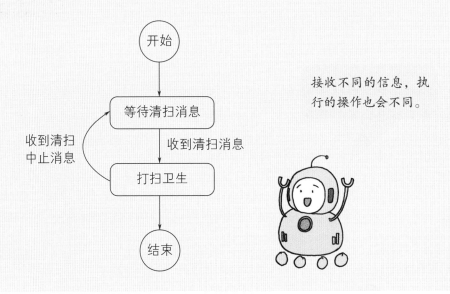

在这个清扫程序中，我们已经实现通过键盘上的按键控制机器猫的行为，这里还可以对程序继续完善。比如设计当两个机器猫收到"清扫中止"的消息后，立即停止目前的清扫任务，滑行到舞台的左下角，并面对面停止移动，等待消息。

分析：

为了实现机器猫中止清扫任务后，停在舞台左下角等待消息。当它们接收到"清扫中止"消息后，需要先使用 积木停止运行打扫程序（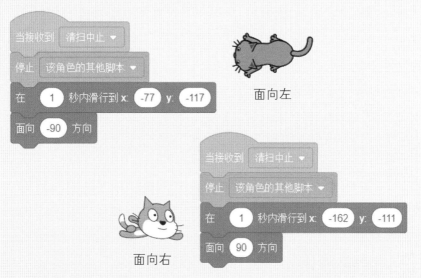 积木是由 ▢▢▢▢ 积木变化而来的），也就是除了"清扫中止"所在的脚本，该角色中的其他脚本程序都会停止执行，而在 ▢▢▢▢ 积木下面拼接的程序会继续执行。这里我们让两只机器猫分别在1秒内滑行到指定位置，并通过方向积木让它们面对面。

面向左

面向右

在打扫卫生的过程中，主人Ruby的程序较少，只负责发号施令，具体的事情都交给其他角色去做了。如果想让程序完全停下来，可以为主人Ruby新增一个控制程序。按下↓键时，停止所有角色的脚本。

在绘制模型图时，将实现打扫卫生的具体操作全部简化为"打扫卫生"这一条记录，化繁为简，明确了程序整体的流程和思路。模型要比流程图更加抽象地表达程序的主要特征和想要表达的内容。

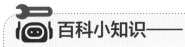百科小知识——

什么是数学建模?

数学建模听起来虽然很严肃，但其实却是我们日常生活中每天都在使用的方法。无论是购物时的精打细算，还是公共出行的换乘方案，实际都用到了一些简单的建模思路。

数学建模的本质，就是在分析和研究实际问题时，通过深入调查研究、了解对象信息，然后进行简化假设，分析内在规律，最后用数学符号和语言进行表述，从而建立可供进行预测分析的数学模型的过程。

6.2 逻辑推理

大家在平时生活中有没有看过或玩过推理游戏呢？通过合理、正确的思考，对事情进行综合分析，推理出符合逻辑的结果。无论是日常生活还是编写程序，具备逻辑推理能力，可以使我们的思维更加灵活，从而有技巧地解决问题。

6.2.1 案例1——状况百出的春游

阿布和朋友们相约去公园里春游，除了阿布，大家都不太熟悉这座公园的情况，他们四人便在公园正门集合后一起出发。游玩到湖边时，大家感觉有些饿了，但发现准备的食物不太够，阿布便独自去商店买一些零食，其他人在湖边等待。然而等阿布回到湖边时，只剩下因为疲惫而一直在此休息的小天了。原来，小易和阿莫一同去卫生间，结果两人在半路上迷路了，他们又花了很长时间，才终于回归队伍。虽然最终春游活动顺利完成，但是回到家后，几人就这次春游出现的问题进行了反思，下面提供了几个有可能的结论。

① 如果在陌生的地方游玩，和朋友一起行动肯定不会迷路。

② 所有游玩活动，应该随时随地和朋友们一起行动。

③ 只要是一个人活动，肯定会迷路。

④ 如果是在陌生的地方游玩，一定要制定好计划。

针对此次春游有出现的一些意外情况，请试着回答下面的问题。

 问题 6.2：

对此次春游情况分析之后，可以得出第____个结论在今后的情况中同样适用。

针对以上几种情况，我们逐条进行分析。

对于①来说，如果大家对环境都很陌生，虽然和小伙伴在一起，但是大家未必不会迷路，比如小易和阿莫就因为都不熟悉环境而迷路了。

对于②来说，虽然集中活动可以避免大家走散，但是也不必所有活动都时时刻刻一起行动，比如在大家都熟悉的场景，适当安排不同的内容也是没有问题的，毕竟每个人的实际情况有所不同。

对于③来说，说法过于绝对。单独出行不意味着会迷路，此次春游中，熟悉公园情况的阿布就没有迷路。

对于④来说，这种结论是比较合理的。当我们需要去不熟悉的地方游玩时，可以提前通过查看地图熟悉周边地形环境，并规划活动路线。合理的规划可以避免一些不必要的问题出现。

从阿布几人春游活动可以看出，如果他们在出发前，都能了解或携带一份公园地图，那么，相对来说，出现迷路的风险就会小很多。因为作为仅有的熟悉公园情况的人，阿布很难从始至终一直保证所有人都在其身边，大家总会有不同的需求，比如休息、去卫生间，或者其他想法。因此，提前制作一份符合大家实际情况的计划就显得很有必要了。

在吸取了上次的经验教训后，如果阿布和小伙伴们再次相约一起去其他公园，那么你会为他们提出以下哪些建议呢？

① 大家一起了解目的地的情况并制作游玩攻略。

② 商量并分配需要携带的食物等。

③ 活动中尽量一起行动。

……

是的，以上的建议都很值得参考。当然，你还可以结合实际，提出更细致的方案。希望阿布和朋友们的经验能为你日后的活动提供参考。

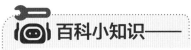

网页中的搜索功能是如何实现的？

在网页中输入关键词时，搜索引擎会开始工作，它会根据一些算法和数据，计算并推理出我们的相关需求，然后从数据库中为我们找出匹配信息，并按照一定的顺序排列显示。不同搜索引擎的算法可能有所不同，但大多会通过分析网站的浏览量、关键词出现的位置、可从其他网站跳转到此网站的链接数量等数据，决定结果的推荐度。

6.2.2 案例2——追逐小球

扫一扫 看视频

在户外的草地上，一只小狗正在追逐着跳动的小球。在Scratch中编写程序实现：用键盘上的上下左右键，控制小狗追逐小球。小球在舞台上四处移动时，通过键盘按键也可以控制小狗的移动位置。

通过程序可以发现，小球会自动移动，而小狗需要我们通过对应的按键进行控制。

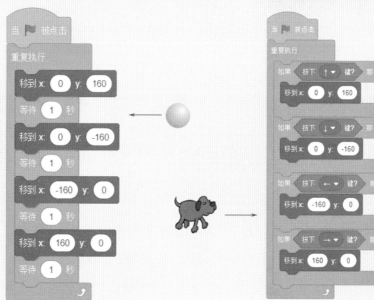

请根据以上程序回答下面的问题。

 问题 6.3：

小球的移动遵循_____的规律。

运行程序后，通过按键控制小狗的移动位置，而小球是1秒换一个位置，结果如下所示。

在上面的程序中，通过观察小球的移动位置，发现它遵循上、下、左、右的移动规律，并且每隔1秒切换一个位置。这其实就是节奏类游戏的本质。

从确定的事件中分析归纳后续问题的处理方式，可以解决很多常规性问题。在进行逻辑推理时，经常能发现符合常规现象的规则。

在控制小狗追逐小球的过程中，如果不能及时按下对应的方向键，那么小狗就无法准确"追到"小球。针对这个问题，或许我们可以考虑让小狗自动地追逐小球。那么，具体该如何实现呢？

👥 分析:

在之前的程序中，当单击 🏴 按钮执行程序后，小球就会一直按照上、下、左、右的规律进行移动。在这里可以为小球增加一个"等待时间"的变量，以便小狗更容易追上小球。以下是修改后的小球程序。

当 🏴 被点击

将 等待时间 ▼ 设为 1

重复执行

移到 x: 0 y: 160

将 等待时间 ▼ 增加 0.02

等待 等待时间 秒

移到 x: 0 y: -160

将 等待时间 ▼ 增加 0.02

等待 等待时间 秒

移到 x: -160 y: 0

将 等待时间 ▼ 增加 0.02

等待 等待时间 秒

移到 x: 160 y: 0

将 等待时间 ▼ 增加 0.02

等待 等待时间 秒

这段程序中存在一些不合理之处，你发现了吗？

是的，"等待时间"将会一直增加，小球的移动频率也将下降。不过，好在我们可以在适当时间停止程序。而大家在实践中还是应该注意避免这类问题。

接下来，我们对小狗程序进行调整。要使小狗自动追逐小球，可以有很多实现方法。在此，我们或许可以考虑改变移动小狗的条件，即将按键改变为是否碰触到小球。这种方法可以实现两个角色移动同步，从而形成追到小球的"效果"。下面是优化后的小狗程序。

这样的"效果"仍稍显枯燥，你可以再对程序进行调整和优化，实现更有趣的效果。程序的调整和修正可以帮助解决编写出来的程序与期待的程序有偏差的问题。甚至是处理程序中的bug。

在处理问题的过程中，我们要学会总结，这样有时就会找出一些普遍规律。那么在今后遇到相似的情形时，就能够利用之前的经验来解决问题。

在编写程序的过程中，如果执行结果没有达到预期，就重新研究规则，修正程序中的漏洞。通过不断积累的逻辑推理经验，就能将程序调试成符合预期效果的样子。

6.2.3 案例3——存钱计划

在实际生活中，我们在做某件事情之前，常常会预想结果。如果结果是可以接受的，就着手做这件事。如果不能承受这个结果，则会三思而行。下面通过一个案例介绍这种预想思维。

小天想要一套玩具，但是零花钱不够，于是向爸爸妈妈求助。小天和父母商量后，共同制定了一个存钱计划：如果小天每天都能分担家务，那么爸爸妈妈将为他存一笔钱，存钱的数额是变化的，第一天存0元，第二天存15元，以后每天存钱的数额是前天和昨天存钱数额的总和。比如第三天的存钱数额是第一天和第二天存钱数额的总和，即0+15=15元。第四天存的钱就是第二天加第三天存的钱，即15+15=30元。第五天存的钱就是第三天加第四天存的钱，即15+30=45元。我们可以通过以下模型表示这个存钱计划。

| 今天存的钱 | ＝ | 前天存的钱 | ＋ | 昨天存的钱 |

请根据这个存钱计划，回答下面的问题。

 问题6.4：

按照制定的存钱计划，一周后，小天会存_____元。

如果对计算模型有疑问，我们可以按照顺序从第一天开始计算一周的存钱数额。

如果小天想要的玩具价值185元，那么小天要连续存几天的钱才够呢?

第一天：0元。

第二天：15元。

第三天：0+15=15元。

第四天：15+15=30元。

第五天：15+30=45元。

第六天：30+45=75元。

第七天：45+75=120元。

从存钱计划中可以看出，第七天小天可以存120元。那么，到第八天可以存75+120=195元。如果这套玩具价值185元，那么小天需要连续存8天的钱。

如果不经过这样的模型推导，恐怕并不容易确定多久可以存够买玩具的钱。根据建立的模型模拟并推测出未来可能会出现的结果，可以帮助我们避免一些不必要的麻烦和困难，也可帮我们在预想的基础上更好地做出决定，做好准备或变更计划。

扫一扫 看视频

6.2.4 案例4——斐波那契数列

斐波那契数列指的是这样一个特殊的数列：0，1，1，2，3，5，8，13，21，34，55，89……从这个数列的第三项开始，每一项都等于前两项之和。如第3项：1=0+1，第4项：2=1+1，第5项：3=2+1……

要用Scratch实现这个程序需要4个变量：N表示当前项，N-1表示当前项的前一个项，N-2表示当前项的前两项，"结果"表示当前项的值。这里随机计算第3项到第10项的值，以下是部分程序。

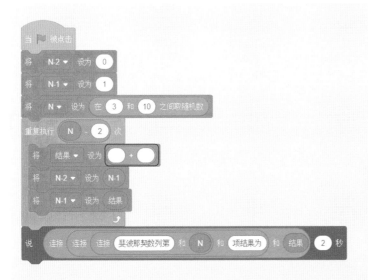

大家想一想,
红框里应该填
入什么呢?

请根据斐波那契数列的特点和程序提示回答下面的问题。

 问题 6.5：

在计算斐波那契数列第 N 项值时，应该将变量"结果"
的值设为_____。

以下是完整的程序。在程序开始的
时候，分别设置了 N、N-1 和 N-2 的初始
值。在循环结构中，指定 结果 为 N-2 +
N-1，将 N-2 指定为 N-1，N-1 指定为
结果。最后输出的是第 N 项的值。

运行程序后，随机计算的是斐波那契数列的第9项，其值为21，结果如右图所示。

斐波那契数列第9项结果为21

根据斐波那契数列的特点，我们可以预测出前几项对应的值。通过程序也可以随机得出第3项到第10项对应的值，证实我们的预想中的结果。使用程序实现预想结果，可以推测未来可能会发生的事情，帮助我们更加有效地分析数据。

在解决复杂问题时，一般先对其进行分解，抽象主要特征建立模型，将编程模式化。根据现有的规则和规律可以预想最终的执行结果，或者推理出接下来将会发生的结果。在使用计算机解决问题的过程中，编程仅仅是整个系统的一小部分。我们应当学会利用这些编程思维，试着解决日常生活中需要处理的各种问题。

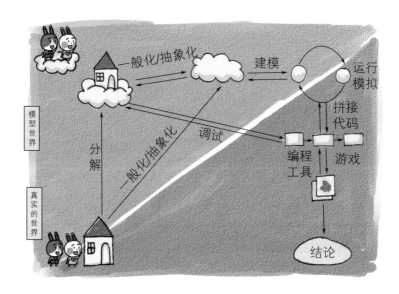

第 7 章
创新绘图

　　画画算得上是人类最基础的表达形式之一，即使没有经过训练，每个人也都能画上几笔。通过画笔，我们可以描绘所见所闻，还能展示天马行空的想象力。但是，你试过用程序来画画吗？

Scratch中还有一个有趣的功能，就是绘制图形。快和我一起绘制一些有意思的图形吧！

用 Scratch 画画是什么样子的呢？我已经迫不及待地想要见识一下了。

7.1 绘图前的准备

在绘制图形之前，我们先要找到Scratch中的画笔分类。"画笔"分类是Scratch中的扩展功能，需要在Scratch界面左下角单击  按钮，进入选择扩展界面后，选择"画笔"这个扩展分类后，就可以在代码分类中直接使用了。

画笔
绘制角色。

在准备绘制时，可删除默认的小猫角色，并从Scratch角色库中搜索并选择"Pencil"角色。然后将Pencil的笔尖调整至中心点位置，来让笔迹看起来是由笔尖画出的。

调整的方法为：在该角色的"造型"里面，将整个"画笔"框选，再整体调整和移动以使笔尖对准中心点 位置就可以了，如右图所示。

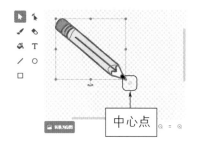

中心点

使用Scratch画笔时，你需要告诉计算机在哪里落笔，绘图的流程可以概括为：落笔—移动—抬笔。当然，在过程中你也可以调整笔迹颜色、线条宽度、绘制方向等。

一般情况下，为了让舞台在每次重新绘图时都是干净的，我们通常都会先使用  积木将上一次的图形擦除干净，然后再进行绘图。

7.2 绘制几何图形

几何图形是从实物中抽象出来的各种图形，在生活中随处可见，比如三角形、长方形、圆形等都是几何图形。你还能说出其他几何图形吗？

在本小节中，我们主要学习平面几何图形的绘制，包括正多边形、圆形等。绘制过程将会用到之前所学的编程知识，这可以帮助我们加深对编程思维的理解。

在学习绘制图形的过程中，可能会涉及一些平面几何的知识，如果你还没有进行过相关知识的学习，可以先试着跟随教程一起探索其中的规律，或者请家人或朋友来帮助解决问题。这样的话，你一定可以有更多的收获。

7.2.1 案例1——绘制正多边形

正多边形是各边长度相等，各角也相等的多边形。下面通过绘制正三边形（正三角形）、正四边形（正方形）、正五边形、正六边形，以及正十边形，让我们一起来观察它们的特点，以便了解绘制规律吧。

扫一扫 看视频

正三角形是一种基础图形，具有以下基本特征：

① 正三角形的3个内角都是60度。

② 正三角形的每个外角是120度。

③ 正三角形的3条边长度相等。

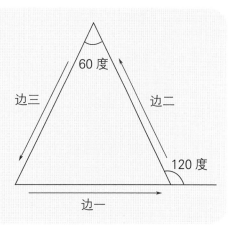

131

下面，我们使用 Scratch 来绘制一个边长为 150 的正三角形。绘制过程可以分解为：

① 绘制第一条边，然后左转 120 度。

② 绘制第二条边，然后左转 120 度。

③ 绘制第三条边。

因为三条边的绘制逻辑是相同的，所以可以考虑用循环来执行。以下是正三角形的绘制程序。其中，移动 150 步，对应边长 150。而旋转的角度 120 度是根据正三角形的外角确定的。

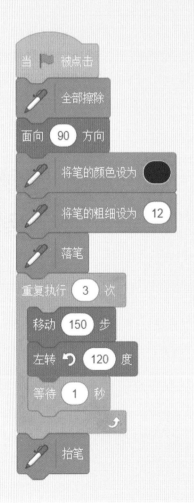

在程序中，我们还使用了 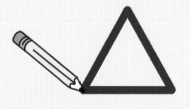 积木设置等待时间，这是因为程序画得太快了，如果没有设置等待时间，程序将在一瞬间画完这个三角形。或许你也可以尝试删除等待时间，看看效果如何。

正三角形绘制结果如下所示。绘制完成后，Pencil 会停留在绘制轨迹的最终位置。

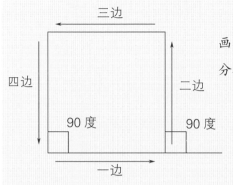

三边

四边

二边

90度   90度

一边

接下来是正方形。画正方形其实和画正三角形有异曲同工之处，我们先来分析一下正方形的基本特征。

① 正方形的4个内角都是90度。

② 正方形的每个外角是90度。

③ 正方形的4条边长度相等。

我们来绘制一个边长为150的正方形。绘制过程可以分解为：

① 绘制第一条边，然后左转90度。

② 绘制第二条边，然后左转90度。

③ 绘制第三条边，然后左转90度。

④ 绘制第四条边。

这是不是与绘制正三角形有些相似之处呢？绘制正方形的程序和绘制结果如下图所示。

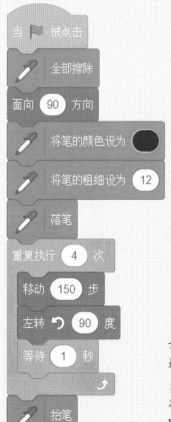

当 ▐▌ 被点击

全部擦除

面向 90 方向

将笔的颜色设为 ●

将笔的粗细设为 12

落笔

重复执行 4 次

移动 150 步

左转 ↺ 90 度

等待 1 秒

抬笔

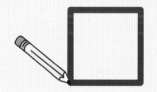

如果你觉得绘制多边形边长速度过快，可将"移动150步"分成多次循环执行。比如重复执行10次移动15步。循环的次数越多，Pencil的移动越顺滑。

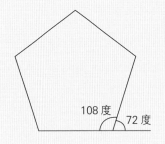

108 度　72 度

接下来是正五边形，首先我们还是需要先来分析一下正五边形的主要特点。

① 正五边形的 5 个内角都是 108 度。

② 正五边形的每个外角是 72 度。

③ 正五边形的 5 条边长度相等。

根据前面的经验，你可能已经发现，每次绘制直线后旋转的角度都是多边形的外角。如正三角形的外角是 120 度，所以每次左转 120 度；正方形的外角是 90 度，所以每次左转 90 度。那么在绘制正五边形时，其外角是 72 度，所以左转 72 度。另外，在循环结构中，绘制几边形，就循环几次。绘制正五边形的程序和结果如下所示。

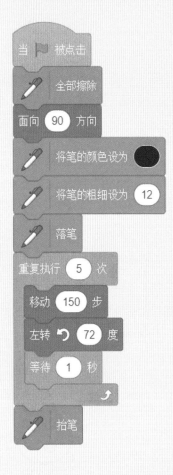

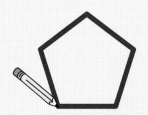

在落笔前，你还可以用  设置落笔点的位置，以使图形更好地展示。

我们已经从正三角形绘制到了正五边形，现在你可以绘制出正六边形吗？以下是可供参考的部分程序和绘制结果。

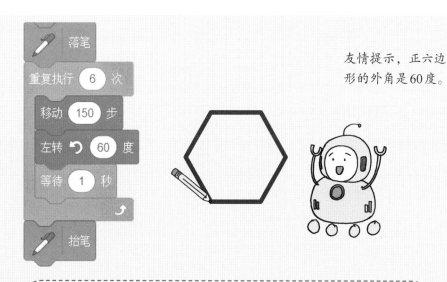

友情提示，正六边形的外角是60度。

 问题7.1：

对于正多边形，边数_____内角个数。

正多边形的边数越多，内角越_____，外角越_____。

绘制正多边形时，最重要的参数是_____。

分析：

绘制了以上几个正多边形，相信你已经发现了其中的两个关键的数字：边数和外角。循环的次数取决于边数，很容易得知，但需要旋转的角度（外角）该如何计算呢？比如绘制正十边形，该如何判断它的旋转角度，也就是外角呢？对此，我们常用下面的公式进行计算。

外角度数=360度/边数

对于正多边形来说，公式中的内角个数其实就等于边数。回顾一下前面的例子，你就能确认这个规律。所以，对于任意正多边形，只要知道边数，你就可以推算出其他信息。

特征	正三边形	正四边形	正五边形	正六边形	正十边形
内角和	180度	360度	540度	720度	1440度
边数	3	4	5	6	10
内角度数	60度	90度	108度	120度	144度
外角度数	120度	90度	72度	60度	36度

从上表中，你也会发现存在这样的规律。在学习几何时，你可以再去探究这个公式的来历。现在有了这个"秘密武器"，相信绘制任何正多边形，对你来说都不再是问题了。那么，你最喜欢哪个正多边形呢，快来动手试一试吧！

绘制不同的正多边形时，其实主要的变量只有两个，如果每次都重新搭建程序实在是有些繁琐，你有没有想起利用第4章所学的函数思维呢？

有了上面的经验，或许你还可以试着创建一个"绘制多边形"函数，通过输入边长和边数，实现自动绘制相应的正多边形。右图是函数定义部分，绘制时，还需要调用函数才能执行哦。

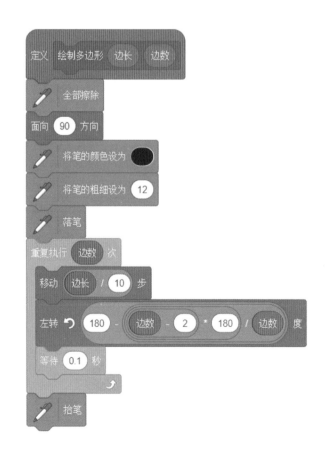

7.2.2 案例2——绘制圆形

扫一扫 看视频

通过绘制多边形，我们了解到了它们之间的一些规律。或许你会发现，正多边形的边数越多，绘制出的图形就越接近圆形。那么，是否可以用这种方法来绘制圆形呢？

右图是正多边形的边数为100，边长为10时，绘制出来的图形，可以看出这几乎就是圆形了。更多的边数，将使图形更圆滑。不过，这毕竟只是一种近似方案，还有没有其他方案呢？试着想一想吧。

下面是依据圆的半径绘制（实心）圆形的方法。

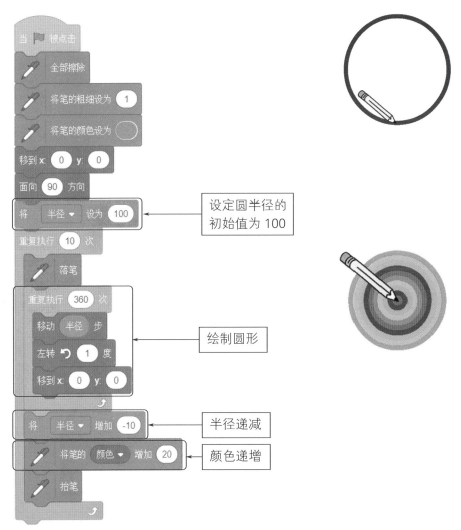

137

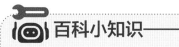

几何图形在生活中有什么应用？

日常生活中，我们所接触的物体都有各自的形状，除了那些不太规则的形状，你应该也发现了随处可见的各种几何形状。比如圆形的轮子，它的滚动阻力很小；而方形的纸箱，非常适合堆叠以节约空间；一些框架结构中的三角形，可以提升结构稳定性。各种几何形状的组合，构建了我们这个丰富多彩的世界。

7.3 创新绘图

在学习了简单的图形绘制后，想不想尝试绘制更具有创造性的图形呢？这里将带大家一起绘制有趣的图形。

7.3.1 案例1——绘制组合图形

将简单的几何图形组合在一起，就会得到更加丰富的图形。比如正三角形和正方形组合起来就好像一个小房子。

扫一扫 看视频

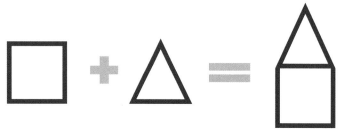

下面我们用程序将其绘制出来。像这样的组合图形，如果我们使用之前的正多边形函数绘制，有什么需要注意的吗？

问题7.2：

在绘制正多边形时，如果我们先绘制正方形，则画完后需要将y坐标增加_____，再绘制正三角形。

下图为完整的绘制程序。利用之前创建的绘制多边形函数稍作修改，就可以绘制组合图形了。

在两个图形之间，如果没有使用 将y坐标增加 100 积木，那么正三角形和正方形将会重叠。因此，程序中需要增加y坐标，以使图形正确地组合。

7.3.2 案例2——绘制五角星

我们都认识五星红旗上的五角星，它比之前的正多边形明显复杂了很多。如果要在Scratch中绘制五角星，思路还与之前绘制正多边形一样吗？我们一起来学习绘制方法吧（注：本例视频提供了另一种五角星画法）。

扫一扫 看视频

139

　　绘制之前先来了解一下五角星图形的特点。这里将五角星标注在坐标系中，虚线的圆圈是五角星的外接圆。从图中可以看出，五角星的每个顶角是36度，外钝角为108度。从中心点位置出发到顶角处的连线会将顶角平分成两个18度，而这五条线段将中心的360度五等分，每份为72度。

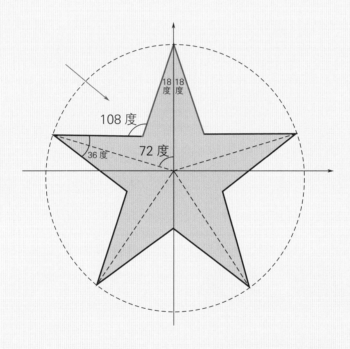

　　接下来思考如何绘制（以顺时针绘制为例）。分析其本质，其实就是5个角拼合在一起，比如我们可以选择图中红色箭头所指的位置为出发点（面向90方向），然后先向左旋转调整角度，并绘制到最上面顶点的一条边，再向右旋转指定的角度并画线，这样就完成了一个顶角的绘制，剩下的就可以交给循环了。下面的片段是绘制五角星的部分程序。

　　当然，这只是绘制五角星的方法之一，在了解了五角星的基本特点后，大家可以发散思维，编写其他绘制五角星的程序。

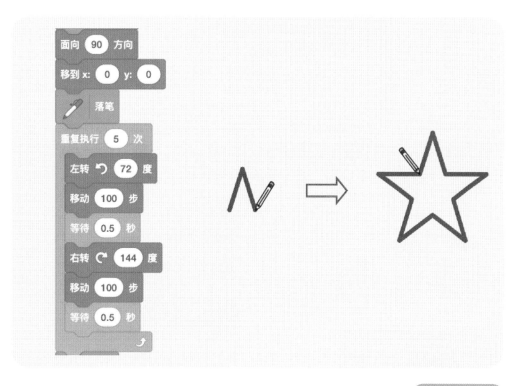

7.3.3 案例3——绘制花朵

很多花朵都是由花瓣组成的，不同的花瓣使得花朵呈现出各种美丽的形状。下面我们尝试绘制一种四层结构的彩色"莲花"。绘制的目标如下。

扫一扫 看视频

在绘制图形之前，我们需要明确图形的特点。花朵是四层由大到小的花组成的，每一层的颜色都不相同，画笔粗细也不同。每层花朵由10个花瓣构成，而花瓣又可以看成是由两段圆弧组成的。

根据上面的分析，绘制的逻辑就可分解为：单层花朵—单个花瓣—圆弧。然后结合适当循环次数，就可以绘制出题目中的莲花了。参考程序如下。

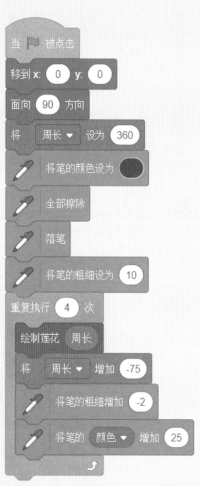

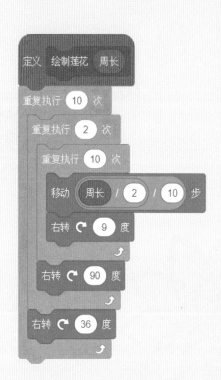

试试修改程序的相关参数，以改变花瓣的形状、数量或层数等参数，也许可以实现不同的绘制效果。

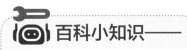
动画是如何制作的?

动画的本质就是一张张图画的快速切换。因为人的眼睛对图像有非常短暂的记忆效应,所以当眼睛看到图片连续快速切换时,就会将其认为是连续播放的动画了。通常情况下,每一张图画都是由画师手绘完成的,若以每秒24帧(张)播放,仅1分钟的动画就需要1440张手绘稿,确实是很大的工作量。而现在,已经有一些可以辅助完成绘制工作的软件了,可以帮助画师更好更快地实现动画创作。

扫一扫 看视频

7.3.4 案例4——绘制复杂图形

图形的不断重复与变幻,可以实现奇特的效果。接下来,我们来绘制一种有立体视觉效果的图形。

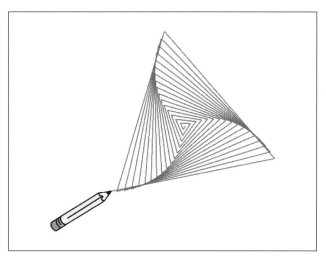

这是一个有立体视觉效果的图形。它似乎是很多三角形不断旋转形成的，但仔细观察，就会发现中心并不是三角形，因为其边长也在逐步变大，这种曲线可以称为三角螺旋线。那么这种效果该如何实现呢？

回想一下，在绘制正三角形的时候，我们知道其每边都相等，且绘制一条边后需要旋转120度。以此为基础，我们可以尝试对边长与旋转角度进行调整。边长递增似乎就接近答案了，那么旋转的角度该如何调整呢？也是递增的吗？还是一个固定值呢？

如果不能确定旋转的角度，可以从120度开始尝试绘制不同旋转角度的图形，查看是否形成题目中的立体效果。以下是绘制立体图形的完整程序。

观察—分析—总结规律的过程，有时的确是充满挑战的。面对困难的、不易理解的问题，适时地寻求其他人的帮助或者利用网络寻找线索，也是一种有益的学习方法哦。

在绘制图形时，大家不妨尝试修改循环次数、颜色、角度等数值，或许可以获得更奇妙的效果。

当 被点击
移到 x: 0 y: 0
面向 90 方向
将 边长 设为 0
全部擦除
将笔的粗细设为 1
将笔的颜色设为
落笔
重复执行 50 次
移动 边长 步
右转 121 度
等待 0.2 秒
将 边长 增加 6
抬笔

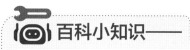

什么是 3D 打印?

3D打印是一种以数字模型文件为基础,使用粉末状金属或塑料等可以黏合的材料,通过逐层"打印"的方式来构造物体的技术,你可以将每层的"打印"过程想象为挤着牙膏画画,多层堆叠,就可以得到立体的结构了。使用3D打印的方式可以自由地制造出各种各样的物品,其无论是在工业、医疗、航空等领域,还是在日常生活中,都有着广泛的应用。

第 8 章
游戏与编程

  兴趣是学习最好的动力。借助 Scratch，我们不仅可以用程序解决生活中的很多问题，还可以用 Scratch 来实现一些小游戏。

  本章将使用前面所学的思维方式，带大家创作一个相对完整的小游戏，令你体会游戏创作的幕后，以及编程的乐趣。

学习了这么多思维方式，想不想创作一个游戏练练手？

当然想了！我已经迫不及待了！

8.1 螃蟹大冒险设计思路

利用Scratch，你可以制作各种各样的游戏。本节将带大家制作一款螃蟹大冒险游戏。

游戏的玩法设定为：

① 通过鼠标指针控制螃蟹的移动，摘到香蕉就加分，碰到绿色小球就减分。

② 游戏时不能触碰到蝙蝠，不然直接游戏失败。

③ 游戏界面中每隔几秒会出现一个星星，摘到星星后，界面中的绿色小球会暂时消失。

④ 得分超过30则游戏胜利，小于–10分则游戏失败。

从游戏设定上看，这款游戏需要的角色比之前的程序要多，对大家来说是个挑战。大家可以试着自己构思，看看是否能实现目标功能。我们先来看一下游戏界面大概是什么样子的吧！游戏中的界面如左图所示。游戏胜利后的界面如右图所示。

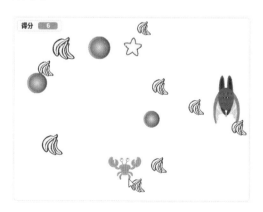

8.2 添加并绘制角色

这款游戏需要的角色有的是直接从Scratch角色库中添加的，有的是需要自己绘制的，全部角色如下图所示。单击 按钮

扫一扫 看视频

147

进入Scratch角色库，可以选择的角色有螃蟹（Crab）、香蕉（Bananas）、绿球
（Button1）、蝙蝠（Bat）和星星（Star）。其余的角色需要使用Scratch中的"绘制"
功能进行制作。

需创建的角色

将鼠标指针停留在 ⬤ 图标上后，会出现几个图标选项，单击 ✏ 图标就可
以创建一个空白的角色，如下图所示。然后，我们就可以利用绘制工具绘制新的
角色了。

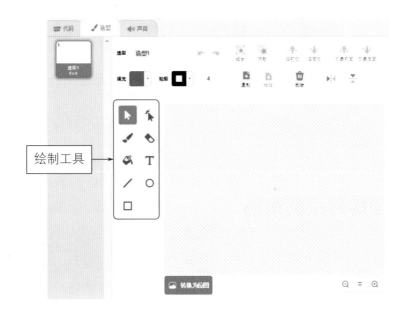

绘制工具

在这里需要分别绘制"开始""游戏介绍""游戏胜利""游戏失败"角色，这些角色实际上只是几张静止的图片，大家可以发挥想象力，对角色进行设计。"游戏胜利"和"游戏失败"角色后续会进行介绍，我们先来看一下"开始"和"游戏介绍"角色吧！

这里将"开始"角色作为开始游戏的按钮，在设计时最好填充颜色，这样会有单击按钮的效果，如下左图所示。在制作游戏介绍角色时，其实就是输入一些介绍性的文字，其作用是让其他玩家了解游戏规则等。大家可以参考以下文字，如下右图所示。

游戏说明：鼠标指针控制螃蟹，碰到香蕉会加分，碰到绿球会减分，绝对不要碰到蝙蝠！得分达到 30，游戏胜利！碰到蝙蝠或得分低于 −10，游戏失败！

"开始"角色   "游戏介绍"角色

除了在 Scratch 角色库中选择添加角色以及自由绘制外，我们还可以将计算机中准备好的图片上传到 Scratch 中，作为游戏中的角色。总之，添加角色的方式是多样的，主要看大家对游戏的设定以及需要实现什么样的功能。大家可以灵活运用添加角色的方式，制作出自己心中想要的游戏。

8.3 游戏角色的功能实现

8.3.1 制作游戏开始界面

在游戏开始界面，螃蟹、开始按钮和游戏介绍是显示状态，其他角色是隐藏的。

而绿球、香蕉、蝙蝠、星星，它们初始应是隐藏状态，需编写隐藏程序，以下是它们在开始时的相关程序。

扫一扫 看视频

149

需要分别为这几个
角色添加这个隐藏
程序哦!

为了更生动,设计螃蟹自上而下滑动,游戏介绍从无到有显示,开始按钮有
一个大小变化。我们应当如何实现这些功能呢?开动脑筋吧!

螃蟹角色是从上到下移动,所以我们要设置一个初始位置并为其设置透明度,
这样螃蟹就是半透明状态了,以下是螃蟹的相关程序。

这里直接将"得分"
变量放在了螃蟹的程
序中哦!

螃蟹有两个造型,每隔两秒都会切换造型,这样的螃蟹看起来非常活泼可爱。
为螃蟹添加以下程序。

不停地切换造型可以
让螃蟹有动态效果,
游戏会更生动。

完成了螃蟹角色后，接下来设置游戏介绍角色。在游戏介绍角色中设置一个透明度变化，我们使用循环结构让文字慢慢变实，这样透明度的变化就不会是一瞬间完成了。以下是游戏介绍角色的相关程序。

将虚像由100依次递减，可以实现角色透明度的变化。

下面实现开始按钮的效果。大家想一想，平常玩游戏的时候，按钮有什么样的效果呢？

这里设定当单击事件发生时，角色就会变小，然后等待0.5秒后变大，这样会有一种互动效果。当开始按钮被单击时，游戏就开始了，这时候我们设置一个广播消息，通知其他角色游戏开始。以下是为游戏开始按钮添加的程序。

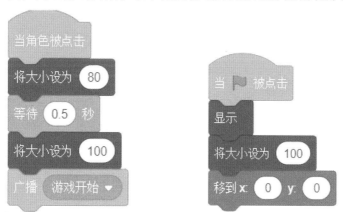

当开始按钮发出"游戏开始"的消息后，初始界面的角色就要进行隐藏。但是螃蟹是主角，不能隐藏，所以这里只将开始按钮和游戏介绍角色进行隐藏，这样程序运行后，单击开始按钮后，它们就会消失。所以需要在这两个角色中分别添加以下程序。

151

在这个游戏中，螃蟹需要跟随鼠标指针的移动而移动。要想实现这样的效果，需要将循环与移动积木相结合，以下是相关程序。

这样游戏开始的界面基本完成啦！大家快去试一试吧！以下是游戏开始界面。

8.3.2 香蕉和绿球的移动

我们进行游戏时会发现，香蕉和绿球是从上往下掉落的，并且香蕉和绿球到舞台底部就会消失。香蕉和绿球的大小也是随机变化的。大家快来思考一下，我们应该使用什么样的功能才可以实现这种效果呢？

这里要向大家介绍一个新的功能，就是克隆。在 Scratch 中可以使用"控制"分类中的 积木不断复制出新的香蕉和绿

扫一扫 看视频

球。当角色作为克隆体出现时就显示，把初始位置和初始大小设置成随机数。这样香蕉的大小和位置就是随机的，分别为香蕉和绿球编写以下克隆程序。

克隆分为主体和副本，主体主要负责克隆，副本负责在舞台上显示。

在了解了香蕉和绿球是如何出现的之后，在克隆的基础上为它们添加效果。先来实现香蕉从舞台上方随机位置掉落的效果，当掉落到舞台底部时就会消失。

香蕉的大小可以随机变化。我们先给香蕉设置它出现的位置，要想让游戏变得更加生动，那么香蕉绝对不能出现在同一个位置，所以为香蕉设置初始位置，并且使用重复执行程序让香蕉向下移动，这样移动会更加流畅。使用选择结构对y坐标对进行判断，满足条件的话就隐藏。当香蕉和螃蟹接触后，香蕉会消失。绿球的移动实现思路与香蕉一样。

当香蕉和绿球的y坐标小于-170或碰到螃蟹时，都会隐藏自己。

通过随机数可以实现角色从不同位置掉落的效果，丰富了游戏的动画效果。使用克隆，也可以避免重复制作角色的烦恼，丰富画面效果。

8.3.3 蝙蝠的移动

在这个游戏中，蝙蝠作为一个敌人的角色存在。当螃蟹碰到它，游戏就结束了。那么蝙蝠的移动路线是什么呢？我们设定蝙蝠在舞台上按照三角形路线移动，可以在1.5秒内滑行到指定的位置。

扫一扫 看视频

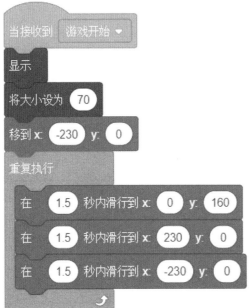

让蝙蝠分别在1.5秒内滑行到三个不同位置，可以实现三角路线移动。

蝙蝠有四种不同的造型，通过不断切换它的造型，实现翅膀扇动的动态飞行效果。以下是蝙蝠切换造型的程序。

154

当蝙蝠碰到螃蟹后，游戏会结束，所以这里需要蝙蝠广播"游戏失败"消息。以下是判断蝙蝠是否接触螃蟹的程序。

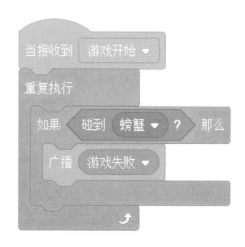

这样就可以保证当蝙蝠触碰到螃蟹的时候，就会广播"游戏失败"的消息。这部分程序呈现的效果如右图所示。

蝙蝠运动的难点在于三角形运动路线的制作，这里通过改变滑动数值来实现。当然也可以制作其他形状的运动路线。除此之外，大家思考一下，还有更好的办法实现这些效果吗？在编写蝙蝠的相关程序时，将每一个功能都单独拼接在一起，可以让我们的思路更加清晰。当然你也可以选择其他拼接方式。

8.3.4 星星的制作

星星是在游戏开始后随机出现的，螃蟹碰到星星时，当前界面上的绿球就会消失。既然是随机出现，那么就需要用到随机数积木。以下是星星随机出现和消失的相关程序。

扫一扫 看视频

155

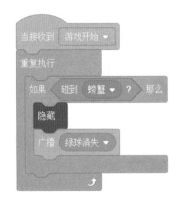

当星星和螃蟹接触后，星星会消失，然后广播"绿球消失"的消息。绿球收到这个消息后，就会消失。右侧是绿球消失的程序。

8.3.5 得分功能

我们如何判断游戏胜利还是失败呢？显而易见是分数。在之前的角色制作中，我们忽略了一个非常重要的问题，就是分数的变化，还记得我们游戏的得分规则吗？螃蟹碰到香蕉就加分，碰到绿球就减分，那么分数的变化应该如何实现呢？接下来我们介绍如何实现得分功能。先创建一个名为"得分"的变量，初始值为0。

既然螃蟹碰到香蕉和绿球后，得分会有不同的变化，那么在螃蟹的脚本区设置得分的初始值为0。以下是在螃蟹的脚本区添加得分的相关程序。

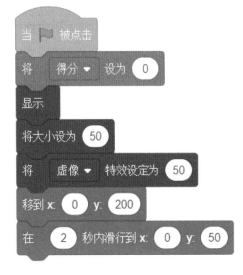

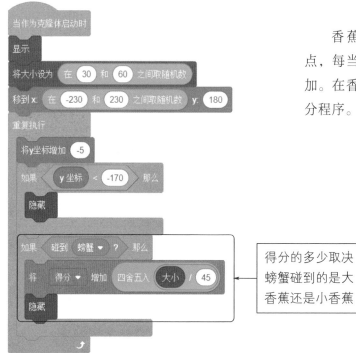

香蕉作为此次游戏的得分点，每当螃蟹碰到它，得分就增加。在香蕉的脚本区添加以下得分程序。

得分的多少取决螃蟹碰到的是大香蕉还是小香蕉

绿球作为减分点，每当螃蟹碰到绿球时，得分会减少。将减分机制加入绿球的脚本区，以下是相关程序。

减分的情况取决螃蟹碰到的是大绿球还是小绿球

这里引入得分后，为后面的游戏胜利和游戏失败做了铺垫。大家可以想一想，我们应该如何根据得分实现游戏胜利和游戏失败机制呢？

8.3.6 游戏胜利和失败机制

扫一扫 看视频

游戏制作到这里我们已经完成了大半部分功能。还记得这个游戏胜利和失败的条件是什么吗？当得分大于30就显示游戏胜利，得分小于–10或者螃蟹碰到蝙蝠就显示游戏失败。根据这个游戏设定，在螃蟹的脚本区添加以下程序。

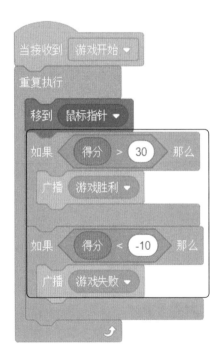

下面继续在绘制的游戏胜利这个角色中添加以下程序。当它接收到"游戏胜利"消息后，该角色会从隐藏状态切换到显示状态，然后停止运行程序。

158

对于游戏失败角色来说，当接收到"游戏失败"消息后，会从隐藏状态切换到显示状态，并停止程序的运行。

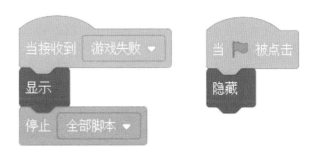

现在还有一个导致游戏失败的原因就是螃蟹碰到了蝙蝠。下面在蝙蝠的脚本区添加这段结束程序。

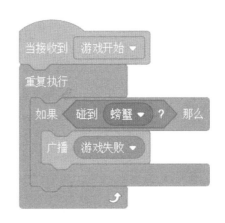

这样我们就完成了这个游戏的主要功能。每个角色也都实现了各自的效果。运行程序后，如果螃蟹一直碰到的是绿球，那么即使没有碰到蝙蝠，当得分达到–11时，游戏立即停止运行，显示游戏失败。如果螃蟹在游戏的过程中，不小心碰到了蝙蝠，那么游戏也会立即停止。两种游戏失败的情况，如下图所示。

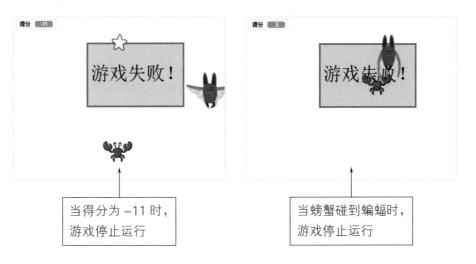

当得分为 –11 时，游戏停止运行

当螃蟹碰到蝙蝠时，游戏停止运行

只有当得分超过30，才会显示游戏胜利，同时停止运行程序。游戏胜利的情况如下图所示。

程序中加入得分功能，可以让游戏更加丰富有趣。在游戏的过程中，玩家通过鼠标指针操控螃蟹收集香蕉，同时避免收集到绿球，以及及时躲避蝙蝠。在这个过程中，得分也会相应地发生变化。

8.4 设置游戏音效

我们在玩游戏时，往往伴随着适当的音乐。比如当顺利闯关后，会出现开心的音效，当闯关失败时，又会出现可惜的音效。在这个螃蟹大冒险游戏中，我们已经实现了各个角色的功能。为了使游戏的体验效果更加丰富有趣，现在可以为这个游戏添加一些合适的音效了。

扫一扫 看视频

在Scratch中可以为角色添加音乐，也可以将音乐添加到背景中。在添加背景音效之前，我们先来了解一下Scratch的声音库。想必现在大家已经对Scratch的角色库和背景库非常熟悉了，其实音乐库和它们很像，也有各种分类，里面包含了各种音乐。

当我们想为某个角色添加声音时，先要切换到这个角色中。同理，想要为背景添加声音，就需要先切换到背景中，如下图所示。

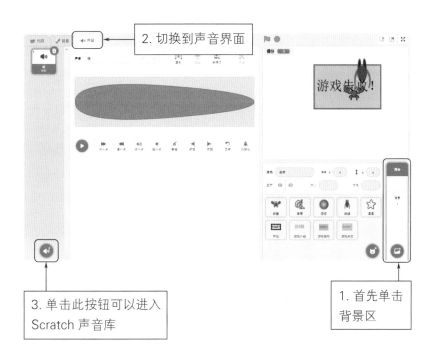

2. 切换到声音界面

3. 单击此按钮可以进入
Scratch 声音库

1. 首先单击
背景区

进入 Scratch 声音库中后，可以看到不同分类的声音，如下图所示。

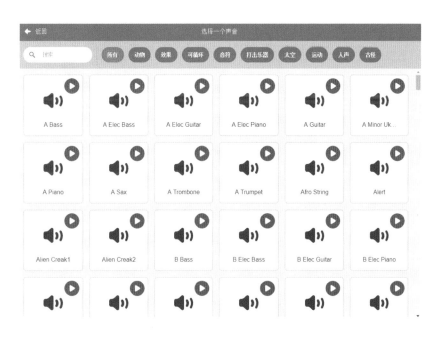

在声音库中选择名为 Dance Around 的音效，如下图所示。

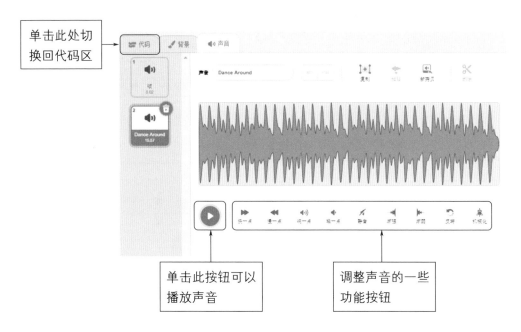

切换回代码区后，可以为背景添加音效了。注意在背景被选中的情况下，"运动"分类中的积木是不可用的状态，如下图所示。

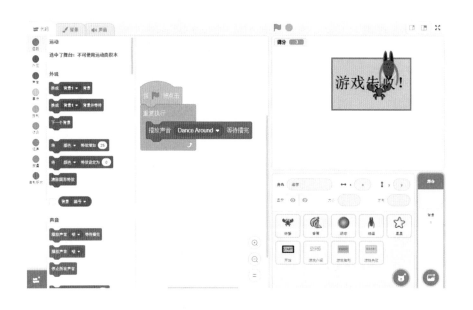

选择"声音"分类中的 播放声音 喵▼ 等待播完 积木，添加 Dance Around 音效。以下是为背景添加音效的过程。

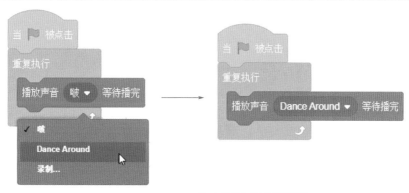

为什么这里选择在循环结构中添加 积木，而不选择添加

积木呢？我们可以分别使用这两个积木运行程序，发现

的播放效果并不是我们想要的。下面简单对这两个积木进行说明。

播放声音 Dance Around ▼	播放声音 Dance Around ▼ 等待播完
程序不会等待这个声音播放完再停止运行	程序会等待这个声音播放完再停止运行

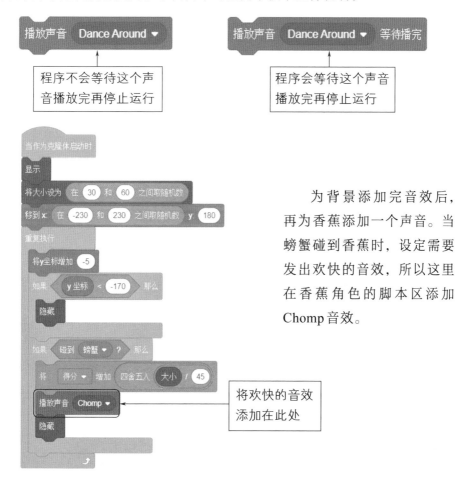

为背景添加完音效后，再为香蕉添加一个声音。当螃蟹碰到香蕉时，设定需要发出欢快的音效，所以这里在香蕉角色的脚本区添加Chomp音效。

将欢快的音效添加在此处

从上面的程序中可以看到，香蕉角色中使用的是 播放声音 Chomp ▾ 积木，而不是
播放声音 Chomp ▾ 等待播完 积木。在整个游戏过程中，螃蟹会不断地碰触到香蕉，音效也会不
停地播放。因此，这里不需要将Chomp音效播放完毕，只需要一个欢快的氛围就
可以了。

同理，在绿球的脚本区也需要添加一个音效，只不过这里是惋惜的音效。选
择pop音效，将 播放声音 pop ▾ 积木添加到绿球脚本中。

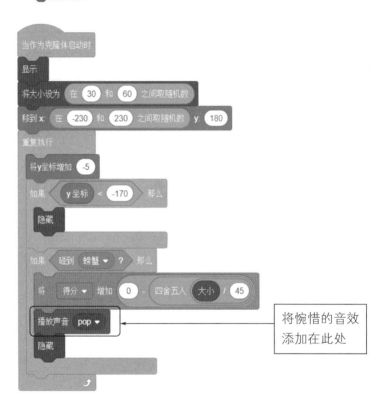

将惋惜的音效
添加在此处

8.5 盘点角色分工

到此为止，我们已经完成了螃蟹大冒险这个游戏的设计和编程。游戏中包含
了9个角色，有Scratch角色库中自带的，也有我们自己绘制的。在编写程序的过
程中难免有所疏漏，所以在这里我们将会逐一对角色的分工进行盘点。

螃蟹：游戏主角、玩家。

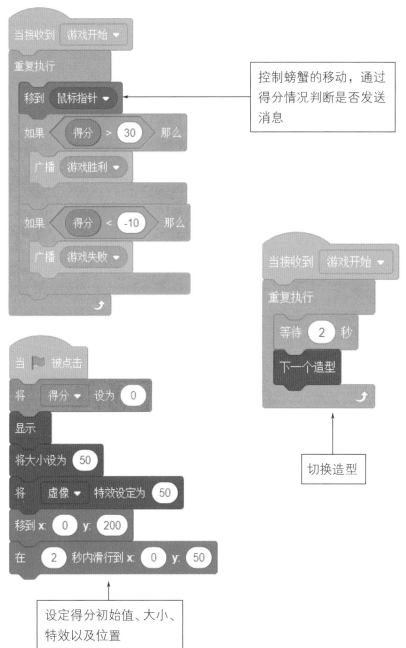

控制螃蟹的移动，通过
得分情况判断是否发送
消息

切换造型

设定得分初始值、大小、
特效以及位置

香蕉：游戏的得分点。

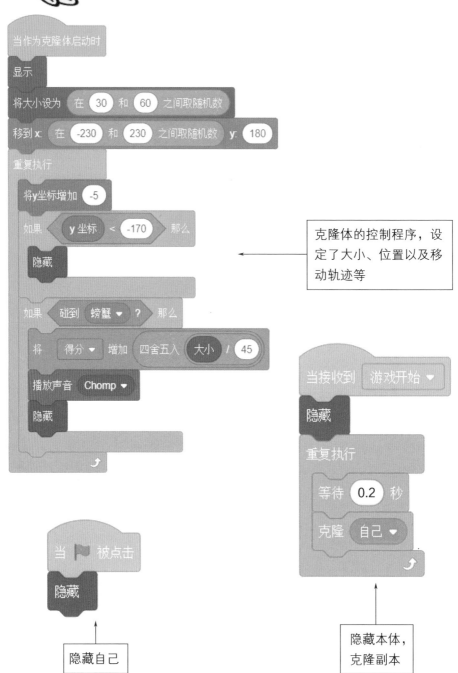

当作为克隆体启动时

显示

将大小设为 在 30 和 60 之间取随机数

移到x: 在 -230 和 230 之间取随机数 y: 180

重复执行

将y坐标增加 -5

如果 y 坐标 < -170 那么

隐藏

如果 碰到 螃蟹 ? 那么

将 得分 增加 四舍五入 大小 / 45

播放声音 Chomp

隐藏

克隆体的控制程序，设定了大小、位置以及移动轨迹等

当接收到 游戏开始

隐藏

重复执行

等待 0.2 秒

克隆 自己

当 🚩 被点击

隐藏

隐藏自己

隐藏本体，克隆副本

绿球：游戏的减分点。

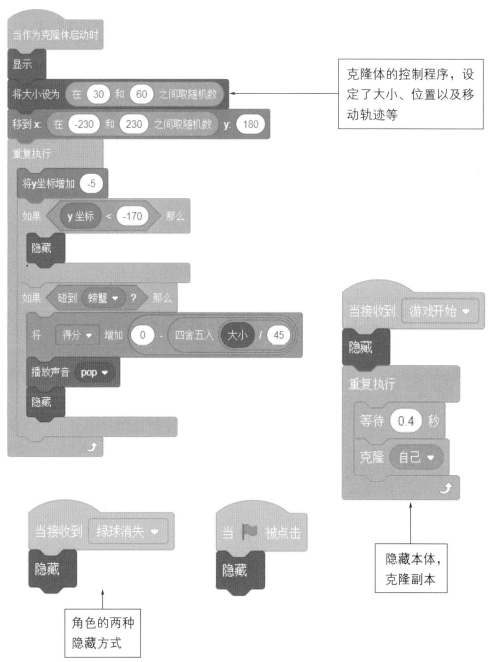

当作为克隆体启动时
显示
将大小设为 在 30 和 60 之间取随机数
移到 x: 在 -230 和 230 之间取随机数 y: 180
重复执行
　将y坐标增加 -5
　如果 y 坐标 < -170 那么
　　隐藏
　如果 碰到 螃蟹 ? 那么
　　将 得分 增加 0 - 四舍五入 大小 / 45
　　播放声音 pop
　　隐藏

克隆体的控制程序，设定了大小、位置以及移动轨迹等

当接收到 游戏开始
隐藏
重复执行
　等待 0.4 秒
　克隆 自己

隐藏本体，克隆副本

当接收到 绿球消失
隐藏

当 ▶ 被点击
隐藏

角色的两种隐藏方式

蝙蝠：游戏中最危险的敌人。

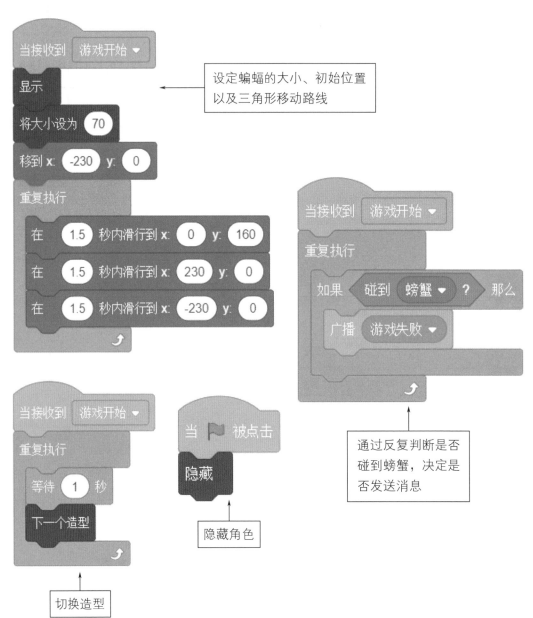

当接收到 游戏开始

显示

将大小设为 70

移到 x: -230 y: 0

重复执行

在 1.5 秒内滑行到 x: 0 y: 160

在 1.5 秒内滑行到 x: 230 y: 0

在 1.5 秒内滑行到 x: -230 y: 0

设定蝙蝠的大小、初始位置
以及三角形移动路线

当接收到 游戏开始

重复执行

如果 碰到 螃蟹 ？ 那么

广播 游戏失败

通过反复判断是否
碰到螃蟹，决定是
否发送消息

当接收到 游戏开始

重复执行

等待 1 秒

下一个造型

切换造型

当 🚩 被点击

隐藏

隐藏角色

星星：算是游戏中的额外奖励，螃蟹
碰到它，绿球会短暂消失。

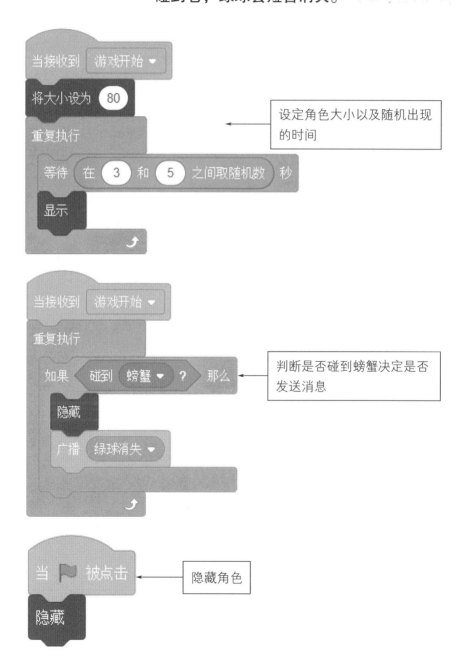

设定角色大小以及随机出现
的时间

判断是否碰到螃蟹决定是否
发送消息

隐藏角色

169

开始：游戏开始的一个信号。

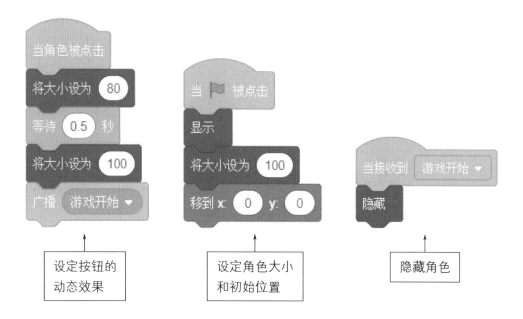

设定按钮的
动态效果

设定角色大小
和初始位置

隐藏角色

游戏说明：鼠标指针控制螃蟹，
碰到香蕉会加分，碰到绿球会
减分，绝对不要碰到蝙蝠！得
分达到 30，游戏胜利！碰到蝙
蝠或得分低于 −10，游戏失败！

游戏介绍：负责对游戏进行简单的说明。

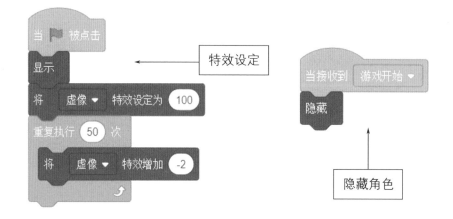

特效设定

隐藏角色

游戏胜利！ 游戏胜利：提示玩家游戏胜利。

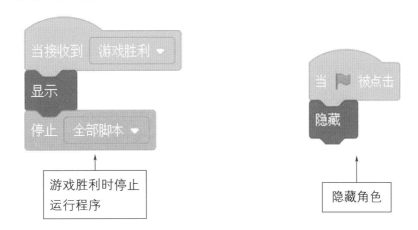

游戏胜利时停止
运行程序

隐藏角色

游戏失败！ 游戏失败：提示玩家游戏失败。

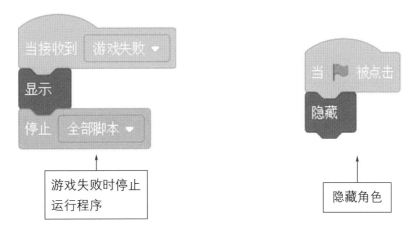

游戏失败时停止
运行程序

隐藏角色

8.6 总结游戏模型

在"螃蟹大冒险"这个游戏中，有游戏开始界面、游戏进行界面、游戏失败界面、游戏胜利界面等。各种各样的界面设计会让编程变得复杂，很难理解界面显示的顺序和规则，所以对显示界面的顺序和规则进行模型化整理是很重要的。本节详细说明了本游戏的创作步骤，但是自己思考并创作原创作品，也是编程的乐趣所在。请一定要灵活运用学习到的编程思维，不仅编程时会用到，在日常生活中也会很实用。下面对这个游戏进行模型化。

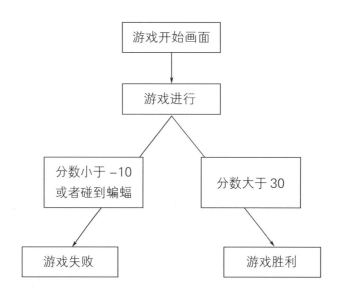

我们按照游戏显示画面的顺序将游戏总结一下。

一开始进入游戏，显示游戏开始画面，画面上有游戏的介绍和游戏开始按钮。

单击开始按钮进入游戏，鼠标指针控制螃蟹的移动。

① 当碰到香蕉时，加分，大的香蕉加的分数多，小的香蕉加的分数少。

② 当碰到绿球时，减分，大的绿球减的分数多，小的绿球减的分数少。

③ 当碰到星星时，当前页面的绿球消失。

④ 当碰到蝙蝠时，游戏失败。

⑤ 当分数大于30，游戏胜利；当分数小于−10，游戏失败。

通过这个简单的小游戏的创作过程，相信你已经对 Scratch 和编程有了更深入的认识。接下来，小伙伴们可以试着自己设计原创的 Scratch 作品，期待你们的分享。

第9章
编程思考

在学习编程的过程中，每个人都是从零基础开始的，即使是高手也都是从小菜鸟一步步成长而来的。只要你善于思考、乐于学习、勤于动手，或许未来，你将实现你的各种奇思妙想，从而去探索更广阔的领域。

那么，在掌握了基础的编程方法与编程思维后，你想不想更进一步呢？

学习了这么多有关的编程思维和编程方法的知识，来分享一下你的体验吧！

具有编程思维的人不会被貌似艰巨的困难吓倒，因为我们知道并相信问题是可以解决的，也会更有勇气、毅力和自信去面对生活的挑战！

9.1 关于编程思维

你可能已经有所体会，编程思维不仅在编写代码时有用，更是一种能够帮助我们解决各种现实问题的能力。在这里，我们再来系统地梳理一下编程思维的使用步骤。

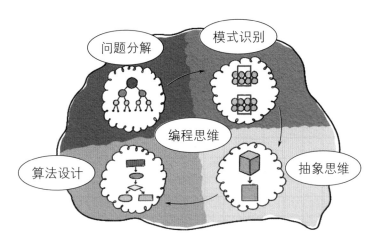

（1）问题分解：尝试把一个复杂的大问题，拆解成更好理解的独立小问题。如果拆解后还是很复杂，则可以再次拆解，直到拆分后的小问题可以被轻松处理。

（2）模式识别：找出问题背后的特征共性，套用模式化的方法高效解决细分问题。很多新问题其实与老问题存在相似性，我们在经验库里搜索以往的类似问题及解决方法即可处理。

（3）抽象思维：聚焦重要的关键信息，忽视无用细节。这是一个提炼事物要点，认知问题的核心本质，可以帮助我们形成解决问题的构想。

（4）算法设计：设计一步一步的解决路径，以合理的方案解决整个问题。

9.2 练习与提高

在前面的章节中，我们已经学习了不同的编程思维，还掌握了Scratch的编程方法，了解了一些简单的算法，我们甚至还制作了一款游戏。

不过，这仅仅是一个开始。在掌握本书所介绍的内容后，你可以尝试：

- 用编程创造自己的故事、游戏或应用程序，展示自己的创意和想法。
- 解决自己或其他人遇到的实际问题，完成一些有挑战性的任务或项目。
- 加入编程社区或参与编程比赛等活动，与其他小伙伴一起学习和交流。

9.3　继续前进

限于Scratch的功能与定位，它的确存在很多不足之处，比如拖动与修改参数很麻烦、代码积木难定位、缺少函数功能等。

接下来，如果你想继续深入探索编程的世界，为学习其他前沿知识做准备，Python会是一个不错的选择。

勇敢地迈出你的下一步吧！学会Python，你就可以开发真正意义上的程序、搭建个人网站、制作更精美的游戏、探索人工智能等。虽然进阶到Python的学习过程是有一定难度的，但你可以通过一些书籍或教程进行学习，也可以充分利用互联网资源，例如在线编程平台、论坛和学习网站，还可以向身边有经验的人请教，以获取更多有益的经验。无论你选择哪种方式，重要的是保持积极的学习态度和主动探索的精神。

记住，学习编程是一个持续的过程，兴趣和热情才是最好的老师。

编程就像是一场虚幻宇宙中的冒险探索，它一定会使你的生活变得更加充实和有趣。让我们一起编程，一起创造一个更加美好的世界吧！

各章参考答案

这里给出了各章"问题"的参考答案。但有些时候,这些"问题"的答案并不唯一。如果你的回答与给出的答案不一样,请不要灰心,因为你的想法同样可能是正确的。和其他小伙伴交流一下,或许你能得到更多的收获。

第 2 章

 **答案 2.1:**

阿布做的第 1 件事情是____穿衣服____。

吃早饭是阿布做的第__④__件事情。

答案 2.2:

小猫移动 10 步后,如果____碰到舞台边缘____就会变色。

答案 2.3:

步骤 1:____放牛肉饼____。

步骤 2:____放芝士片____。

步骤 3:____放生菜____。

重复次数:____2____。

答案 2.4:

步骤1: _____向前走7格_____。

步骤2: _____向右转_____。

重复次数: _____4_____。

答案 2.5:

当运行程序后,小猫每次向__左__转__15__度。

重复转动的次数: ____5____。

答案 2.6:

在程序中,小猫随机滑行重复执行了____10____次。

小猫满足__x坐标大于50__的条件,颜色特效才会增加。

第3章

答案 3.1:

阿布的卧室里有_____床、书桌和地毯_____。

客厅里有_____沙发_____。

餐厅里有_____餐桌和凳子_____。

答案 3.2:

退出循环的条件是____x大于5____。

根据积木的拼接方式，sum=__sum+x__。

在循环中，x每次增加_____1_____。

 答案 3.3:

程序中，将黄色杯子里的西瓜汁赋值给第三个杯子后，黄色杯子里的值是___西瓜汁___，第三个杯子里的值是___西瓜汁___。

把红色杯子里的果汁赋值给黄色杯子后，红色杯子里的值是___芒果汁___，黄色杯子里的值是___芒果汁___。

把第三个杯子里的果汁赋值给红色杯子里后，第三个杯子里的值是___西瓜汁___，红色杯子里的值是___西瓜汁___。

所以，还需要将第三个杯子设置为____空____。

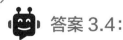 答案 3.4:

乘坐1路公交车，最终可以到达的站点是___运河天地___。

在站点信息中，石灰桥是第__6__站。

从石灰桥到勤丰桥需要乘坐__5__站。

答案 3.5：

在条件分支语句中，

满足 <u>回答=end</u> 条件，程序会停止运行；

将回答的内容加入列表的条件是 <u>回答=end不成立</u>。

 答案 3.6：

在上面提供的思路中，

第 <u>3</u> 个方法可以实现按照身高顺序排队。

答案 3.7：

在条件分支语句中，如果"随机数"列表的第 x 项大于"随机数"列表的第 x+1 项时，才会继续执行其中的语句。在将 temp 设为"随机数"列表的第 x 项后，应该将该列表的第 x 项替换为 <u>x+1项</u>，将第 x+1 项替换为 <u>temp</u>。

答案 3.8：

在循环结构中，程序的重复执行次数为<u>"数组"列表的项目数</u>。

在选择结构中，满足 <u>"数组"列表的第 x 项</u> 等于25，会找到该数字在列表中的位置。

答案 3.9:

在标记的条件分支语句中，如果"数组"列表的第中项小于20，会将变量"前"设为"中+1"；

否则会将___中-1___赋给变量"后"。

第4章

答案 4.1:

定义函数"打扫"：

前进并打扫，当面对墙壁时，___向右转___。重复执行前进与转向，直到打扫完所有走廊后，___停止___。

对上下两层，分别执行___打扫___函数。

答案 4.2:

在"累加求和"函数中，应该在积木中填入___num-1___，才会实现递归函数求和的功能。

答案 4.3:

在打招呼的程序中，

小猫是消息的___发送___方，鸭子是消息的___接收___方，猴子是消息的___接收___方。

第5章

 答案 5.1:

将打扫卫生分解成以下步骤:

① 对地面的卫生状况进行判断。

② 如果发现了明显的垃圾,<u>使用扫帚将其清扫掉</u>。

③ 之后,<u>使用拖把将地面拖干净</u>。

 答案 5.2:

制作比萨、三明治和汉堡包都用到了<u>　芝士　</u>。

 答案 5.3:

推荐的表达方式:<u>　　②　　</u>。

理由:<u>这种表达方式对不太了解食品营养的朋友来说更</u><u>容易理解,可以让朋友知道大概带哪些种类的食物,而不是</u><u>某些具体的食物,这样更容易向朋友传达营养均衡的知识</u>。

 答案 5.4:

机器猫1号在舞台上的x坐标范围<u>(−210, 210)</u>,y坐标范围<u>(−90, −150)</u>。

机器猫2号在舞台上的x坐标范围<u>(−210, 210)</u>,y坐标范围<u>(100, 170)</u>。

第6章

 答案 6.1：

机器猫开始执行打扫卫生程序的条件是 <u>接收到"开始清扫灰尘"消息</u>。

 答案 6.2：

对此次春游情况分析之后，可以得出第 <u>④</u> 个结论在今后的情况中同样适用。

 答案 6.3：

小球的移动遵循 <u>上、下、左、右</u> 的规律。

 答案 6.4：

按照制定的存钱计划，一周后，小天会存 <u>120</u> 元。

 答案 6.5：

在计算斐波那契数列第 N 项值时，应该将变量"结果"的值设为 <u>(N–2)+(N–1)</u>。

第7章

 答案 7.1:

对于多边形，边数 <u>等于</u> 内角个数。

正多边形的边数越多，内角越 <u>大</u> ，外角越 <u>小</u> 。

绘制正多边形时，最重要的参数是 <u>边数</u> 。

 答案 7.2:

在绘制正多边形时，如果我们先绘制正方形，则画完后需要将 y 坐标增加 <u>100</u> ，再绘制正三角形。